# 无机离子检验方法及应用

赵丽冰 编著

化学工业出版社

·北京·

本书是中等职业技术教育工业分析与质量检验专业一体化改革系列教材。教材共分三个模块，钙离子的测定、铁含量测定、氯离子的测定。各模块中将能用于无极离子含量测定的方法进行了归类，对各种分析方法进行了检验原理、方法检测范围、方法优点、缺点等进行对比，各模块任务前后设有学习目标和小结、阅读材料与练习。

本教材可供职业和技工学校化学分析与检验、工业分析以及商品检验等专业学生使用，也可作为化工企业、质检、分析检验技术人员的参考用书。

**图书在版编目（CIP）数据**

无机离子检验方法及应用/赵丽冰编著. —北京：
化学工业出版社，2014.5（2023.9重印）
ISBN 978-7-122-20008-2

Ⅰ．①无⋯　Ⅱ．①赵⋯　Ⅲ．①无机化学-离子-
检验方法-中等专业学校-教材　Ⅳ．①O646.1

中国版本图书馆 CIP 数据核字（2014）第 044911 号

---

责任编辑：蔡洪伟　陈有华　　　　　　　　　　　装帧设计：王晓宇
责任校对：顾淑云　程晓彤

---

出版发行：化学工业出版社（北京市东城区青年湖南街 13 号　邮政编码 100011）
印　　装：北京虎彩文化传播有限公司
787mm×1092mm　1/16　印张 6¼　字数 141 千字　2023 年 9 月北京第 1 版第 2 次印刷

---

购书咨询：010-64518888　　　　　　　　　　售后服务：010-64519661
网　　址：http://www.cip.com.cn
凡购买本书，如有缺损质量问题，本社销售中心负责调换。

---

定　　价：**48.00 元**　　　　　　　　　　　　　　　版权所有　违者必究

# FOREWORD 前 言

　　技校的教学长期以来沿用普教的学科式教学模式，分理论教学与实操教学。分析化学、仪器分析两门课程是技工学校工业分析与质量检验类专业的一门重要的专业课程，此类课程具有很强的理论性和实践性，理论知识涉及化学、物理及数学等知识领域，抽象难懂。随着检验技术的发展和检验要求的提高，仪器分析技术在检验行业中的使用越来越广，要求也越来越高。但按照学科式的教学，技校学生很难真正掌握分析手段和方法，更难在日后的工作中熟练应用这些分析技术。

　　为了适应现代企业对毕业生在仪器分析方面的技能要求特点，提高教学质量，2009年9月以来，作者学校进行了能力本位一体化教学改革。能力本位一体化教学就是将理论教学和实践教学融为一体，实现学习与工作相融合的课程结构。在改革过程中引入了工作过程的岗位工作任务，改革后的课程以若干典型的工作项目为任务，课程内容由岗位工作实际情境构成，以工作过程为中心，以产品检测任务为驱动。

　　《无机离子检验方法及应用》课程是基于工作过程为导向的工业分析与质量检验专业一体化课程改革研究中的一个模块课程，课程包括三大块内容：钙离子的测定、铁含量测定、氯离子的测定。课程以工作过程为导向，打破了传统学科体系的教学模式，教授知识内容不仅仅局限于化学或仪器的分析方法，重点是训练学生对分析方法的应用能力。例如，传统教学中，分析化学教学中络合滴定测定铁是典型的教学内容；仪器分析方法中，可见分光光度法和原子吸收分光光度法章节内容中铁的测定实操也是必不可少的，将这些分析手段和方法分开教学，学生学习后很难真正掌握方法的异同，更难应用到实际工作中，改革后的教学内容将五种能用于铁含量测定的方法进行归类学习，并对五种分析方法进行了检验原理、方法检测范围、方法优点、缺点等进行对比学习，使学生能根据不同样品应用不同测定方法去分析测定铁的含量。在内容安排中，还注意到了培养学生查阅文献资料的能力、提高实际工作的分析能力，培养学生合作交流能力。在教学过程中应用多种教学方法，以学生活动为主完成学习任务，旨在培训学生具有可持续发展的通用职业技能，以提高整个职业生涯的竞争能力，应对就业形势的变化和学生自身职业取向的变化。

　　由于编著者的水平和经验有限，教材中难免存在不足之处，衷心希望读者批评指正。

　　本书在编写过程中多次与广东省食品质量监督检验站、广州宏昌胶黏剂厂、广州越堡水泥有限公司等校企合作单位的专家进行交流与探讨，他们提出了许多宝贵的意见，并进行了审阅。本书得到了世界银行广东职业教育改革项目资金的资助。在此一并表示感谢。

编著者

2013年12月20日

# CONTENTS 目 录

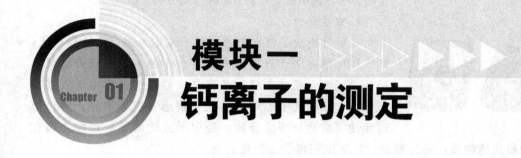

# 模块一
# 钙离子的测定

Chapter 01

## 课题一　钙离子测定方法概述

**学习目标**

- √　了解钙测定的意义；
- √　能说出钙离子的测定方法；
- √　学习各种钙测定方法的优缺点及应用范围；
- √　能应用不同测定方法去分析各种样品的钙含量。

**关键词**

重量分析法　络合滴定法　分光光度法　原子吸收光谱法　原子发射光谱法　电化学法

## 一、钙离子测定意义

水是一种良好的溶剂，能够溶解多种固态的、液态的和气态的物质，水在循环过程中，和大气、土壤、岩石等物质接触，许多物质就会进入水中，尤其是一些无机盐进入水中后会以离子态的形式存在于水体。水中的钙离子含量是水体质量好坏的重要指标，钙离子的含量直接影响着水体的使用性能。

钙也是人体含量最丰富的矿物质，约占人体化学组成的 2%，这些钙在人体中的主要功能有：构成人体的骨骼和牙齿，参与血液凝固过程，维持神经和肌肉的兴奋性，激活多种酶并参与体内多种激素和神经递质的合成，调节内分泌，增强人体免疫功能，维持正常血压和血管的正常通透性等，而这些钙的吸收大部分都须是通过水溶液中的离子形态进行的。因此，测定水体中的钙离子的浓度具有极其重要的意义。

## 二、钙离子的检测方法

钙离子的分析方法中根据钙离子的性质和定性分析手段可以分为化学分析法和仪器分析法。

### （一）化学分析法

化学分析法是以化学反应为基础，通过被测物与反应试剂发生化学反应，产生具有特殊性质

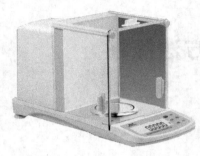

电子天平

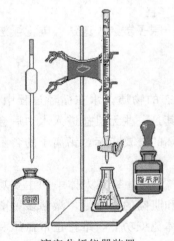

滴定分析仪器装置

的化合物，从而确定水中被分析物质的存在、组成、性质和含量的方法。包括重量分析方法和滴定分析方法。

1. 重量分析方法

重量分析法是将水中的钙离子转化为一定的称量形式，然后用称量方法计算出钙离子在水中的含量。该方法最常用的是沉淀重量法，具体步骤是：首先在试液中加入某种沉淀剂，使钙离子以难溶的化合物形式沉淀下来，再经过过滤使沉淀物与溶液分离，经烘干或灼烧等处理使之转化为具有明确组成的物质，通过称量，计算出钙离子的含量。

该方法适用于常量分析，比较准确，相对误差在 $0.1\% \sim 0.2\%$，不需要昂贵的分析仪器，但操作麻烦费时，不适用于微量组分的测定。

2. 滴定分析方法

滴定分析法是将已知浓度的试剂溶液与被分析物质的组分定量反应完全后，根据反应完成时所消耗的实际溶液的浓度和用量，计算出被分析物质含量的方法。

滴定分析法根据反应基础不同可分为四大类：酸碱滴定法，沉淀滴定法，配位滴定法，氧化还原滴定法。但有关钙离子的滴定方法一般只用配位滴定法。

在配位滴定中，常用到一种能与金属离子生成有色络合物的显色剂指示滴定过程中金属离子浓度的变化，配位滴定法就是利用这种金属指示剂来判定滴定的终点。

水中钙离子的配位滴定是利用钙离子与 EDTA 生成络合物，并利用相应的指示剂来判定终点的。金属指示剂本身就是有机配位体，它与被测的钙离子形成有色络合物，其颜色与游离的指示剂的颜色不同。

$$Ca^{2+} + In^{2-} \Longrightarrow Ca\text{-}In$$

滴定前，溶液中有大量的钙离子，且部分与指示剂形成络合物，呈现出 Ca-In 的颜色；滴定开始到计量前，随着 EDTA 的加入，钙离子逐步与 EDTA 反应生成 Ca-In，当达到滴定终点附近，游离的钙离子浓度降到很低时，加入的 EDTA 夺取 Ca-In 中的钙，使指示剂游离出来，溶液的颜色也随之转变，指示终点的到达。

## 实用小知识　　　钙的指示剂

用于络合滴定测定钙的指示剂有钙红指示剂、酸性铬蓝 K（也叫 K-B 指示剂）、CMP 混合指示剂。

钙红指示剂选择在 pH = 12～13 的条件下进行测定，在此条件下，不仅镁已经生成氢氧化镁沉淀而不干扰测定，而且终点时溶液由红色变为蓝色，颜色变化很明显。

酸性铬蓝 K，通常将酸性铬蓝 K 与萘酚绿混合使用，称为 K-B 指示剂。 K-B 指示剂在 pH＝10 可用于测定水的硬度，在 pH＝12.5 时也可单独测定钙离子的量，使用方便。

## （二）仪器分析法

以水样中的被分析物的诸如光、电、磁、热、声等物理性质，以成套的物理仪器为手段，对水样中的化学成分及含量进行测定的方法称为仪器分析法。

仪器分析具有灵敏度高、误差小、试样用量小等优点，其不足之处在于部分分析仪器的造价过于昂贵。常用的仪器分析法主要有光学分析法、电化学分析法、色谱分析法、质谱法以及核磁共振法等。

### 1. 分光光度法

分光光度法是基于物质对光具有选择性而建立起来的分析方法，不同的物质吸收不同波长的光，且吸收量与该物质的量之间有定量关系，一般都符合朗伯-比尔定律，测出不同浓度的物质的吸光度后，绘制标准曲线，最后测出待测液体的吸光度，与标准曲线相对照，得出待测液体中被测物质的含量。

722 分光光度计

钙离子是无色的离子，故需选用一种显色剂与其生成具有特殊性质的可溶物质，该物质在特定波长下有一定的吸光度，且吸光度的大小与钙离子的浓度呈线性关系，由此即可根据朗伯-比尔定律得出钙离子的浓度。

### 2. 原子吸收光谱法

原子吸收光谱是基于基态原子对特征波长的光的吸收，测定试样中待测元素含量的分析方法。原子吸收光谱的优点在于：①灵敏度高，检测限低；②准确度高；③选择性好；④操作简便，分析速度快；⑤应用广泛。但这种方法也有其不足之处：分析不同的元素时，需要使用该元素材料制成的光源灯，检测费用高。这就制约了该方法的普及。

### 3. 原子发射光谱法

原子发射光谱是基于化合物的原子在外界能量的作用下，获得能量而使其外层电子从低能级的基态跃迁到高能级的激发态，激发态的原子很不稳定，迅速又回到基态，在回到基态的过程中以光的形式释放能量。原子发射光谱法就是利用原子由激发态回到基态过程中发射出的光的性质对物质进行定性、定量分析的方法。

Sp-3530 原子吸收分光光度计

该方法可以用来测定水中钙的含量，且分析灵敏度高，准确度高。但该方法也存在操作麻烦、仪器造价昂贵的缺陷。

### 4. 电化学分析法

电化学分析是应用电化学原理和试验技术建立起来的一类分析方法的总称。它将待测样溶液和两支电极构成电化学电池，利用试样溶液的化学组成和浓度随电学参数变化的性质，通过测量电池的某些参数或参数的变化，确定试样的化学组成或浓度。

目前有应用高效毛细管区带电泳法快速测定钾、钠、镁、钙、锂、钡六种离子的研究表明：毛细管区带电泳法测定饮用水及饮料中碱金属和碱土金属离子具有快速、简便、灵敏度高、重现性好以及成本低等优点。测定结果与原子吸收光谱法无显著差异。

**5. 离子色谱法**

离子色谱的工作原理即离子交换平衡。离子色谱中使用的固定相是离子交换树脂。离子交换树脂上部分有固定的带电荷的基团和能游动的配位离子。当样品加入离子交换色谱柱后，待测离子和柱上的可交换离子发生交换直至达到平衡，然后再用洗脱液洗涤，待测离子即从柱上洗脱下来，在出口处用一检测器即可检测钙离子的含量。目前，离子色谱法已经在能源、环境、冶金、电镀、半导体、水文地质等方面广泛应用，并且进入了与生命科学有关的分析领域。

# 三、钙检测方法发展方向

钙离子含量的检测方法多种多样，几乎所有的分析方法都可以检测钙离子含量。近年来，分析方法主要有以下几个发展趋势：

① 检测技术的连续自动化；

② 分析前的高效富集与分离；

③ 仪器分析的应用越来越多；

④ 开发新的用于分析的软件；

⑤ 多种仪器的连用。

相信在不久的将来，有关的分析方法必将更加高效、准确、灵敏以及自动化。

◀ 本节小结 ▶

1. 钙离子的测定方法包括：重量分析法、络合滴定法、分光光度法、原子吸收光谱法、原子发射光谱法、电化学法等。

2. 重量分析法、络合滴定法属于化学分析方法，是常量分析，比较准确，相对误差在 $0.1\% \sim 0.2\%$；其他分析方法属于仪器分析方法，具有高灵敏度、误差小、试样用量小等优点，其不足之处在于部分分析仪器的造价过于昂贵。

# 任务一　钙离子测定方法比较

**一、请你谈谈钙离子的测定意义**

二、请你查阅资料，比较各种钙测定方法

| 各种钙测定方法比较 | | | | | |
|---|---|---|---|---|---|
| 方法 | 配位滴定法 | 重量法 | 分光光度法 | 原子吸收法 | 原子发射法 |
| 检测范围 | | | | | |
| 相对误差 | | | | | |
| 优点 | | | | | |
| 缺点 | | | | | |

三、请为下面的任务选择最合适的测定方法

A. 重量分析法（高锰酸钾法）　　B. 络合滴定法　　　　C. 分光光度法

D. 原子吸收光谱法　　　　E. 原子发射光谱法　　　F. 电化学法

1. 血清钙含量测定　　　　　　　　5. 钙片中钙含量的测定

2. 水泥熟料样品中钙的测定　　　　6. 鸡蛋壳中钙含量的测定

3. 工业碳酸钙含量的测定　　　　　7. 奶粉中钙含量的测定

4. 工业用水中钙含量的测定　　　　8. 豆浆中钙含量的测定

# 课题二　络合滴定法测定钙含量

## 学习目标

✓ 了解络合滴定法测定钙的原理；

✓ 学习样品预处理方法，能根据样品的性质选择合适的样品处理方法；

✓ 正确操作络合滴定法测水体样品钙含量的步骤，并对测定数据进行处理，要求测定结果相对误差小于 2%；

✓ 能应用络合滴定法测定样品的钙离子含量。

## 关键词

络合滴定法　样品预处理　工作过程　结果处理

## 一、原理

钙与氨羧络合剂能定量地形成金属络合物，其稳定性比钙与指示剂所形成的络合物的强。在适当的 pH 值范围内，以氨羧络合剂 EDTA 滴定，在达到当量点时，EDTA 就自指示剂络合物中夺取钙离子，使溶液呈现游离指示剂的颜色（终点）。根据 EDTA 络合剂用量，可计算钙的含量。

## 二、试剂

2mol/L 氢氧化钠溶液、1% 氰化钠溶液、0.05mol/L 柠檬酸钠溶液、三乙醇胺、10% KF、0.001200mol/L EDTA 溶液、100μg/mL 钙标准溶液、钙红指示剂、混合酸消化液（有机样品）。

## 三、仪器与设备

酸式滴定管、碱式滴定管（50mL）、刻度吸管、烧杯、玻璃棒、高型烧杯（250mL）、电热板：1000～3000W（有机样品）。

## 四、样品预处理

微量元素分析的样品制备过程中应特别注意防止各种污染。所用容器必须是玻璃或聚乙烯制品，做钙测定样品时不得用石磨研碎。

应该根据样品的性质选择合适的处理方法。无色溶液可以直接测定，有机物样品一般采用湿法消化，无机不溶于水的固体样品一般用碱高温分解法。

试剂空白试验的方法应根据样品处理的方法来确定。

温故知新　　　　　　　**样品预处理方法**

　　样品预处理的方法有很多，要根据样品的种类、特点及被测组分存在的形式和物化性质不同采用不同的样品处理方法，总的原则是：消除干扰因素，完整保留被测组分。

　　对于液体样品，如果浓度过大，无机样品可以直接用水稀释至合适的浓度范围。固体样品主要是溶解，把样品转变为溶液，固体样品测定钙含量常用的预处理方法有：干法灰化法、湿法消化法、酸溶解法、碱熔法等。

# 五、操作步骤

## （一）实验准备
精确称取 0.45g EDTA，用去离子水稀释至 100mL 容量瓶中。

## （二）测定
### 1. 标定 EDTA 浓度
吸取一定量钙标准溶液，以 EDTA 滴定，标定其 EDTA 的浓度，根据滴定结果计算出每毫升 EDTA 相当于钙的毫克数，即滴定度（$T$）。

### 2. 样品及空白滴定
吸取一定量（根据钙的含量而定）样品消化液及空白液于试管中，滴入氰化钠溶液和柠檬酸钠溶液（加入氰化钠、柠檬酸钠或三乙醇胺的量应根据试样中的杂质量而定），用滴定管加 125mol/L 氢氧化钠溶液调 pH 值至 13，滴加钙红指示剂，立即以稀释 10 倍 EDTA 溶液滴定，至指示剂由紫红色变蓝为止。

# 六、结果处理

　　样品中钙的含量按式（1）计算：

$$X = \frac{T \times (V - V_0) \times f \times 100}{m} \tag{1}$$

式中　$X$——样品中钙含量，mg/100g；

　　　$T$——EDTA 滴定度，mg/mL；

　　　$V$——滴定样品时所用 EDTA 量，mL；

　　　$V_0$——滴定空白时所用 EDTA 量，mL；

　　　$f$——样品稀释倍数；

　　　$m$——样品质量，g。

## 实验溶液配制方法

　　1. 2mol/L 氢氧化钠溶液：精确称取 80g 氢氧化钠，用去离子水稀释至 1000mL。

　　2. 1% 氰化钠溶液：称取 1.0g 氰化钠，用去离子水稀释至 100mL。

3. 0.05mol/L 柠檬酸钠溶液：称取 14.7g 柠檬酸钠（$Na_3C_6H_5O_7 \cdot 2H_2O$），用去离子水稀释至 1000mL。

4. 混合酸消化液：硝酸与高氯酸比为 4:1。

5. EDTA 溶液：精确称取 4.50g EDTA，用去离子水稀释至 1000mL，贮存于聚乙烯瓶中，4℃保存。使用时稀释 10 倍即可。

6. 钙标准溶液：精确称取 0.1248g 碳酸钙（纯度大于 99.99%，105～110℃ 烘干 2h），加 20mL 去离子水及 3mL 0.5mol/L 盐酸溶解，移入 500mL 容量瓶中，加去离子水稀释至刻度，贮存于聚乙烯瓶中，4℃保存。此溶液每毫升相当于 100μg 钙。

7. 钙红指示剂：称取 0.1g 钙红指示剂（$C_{21}O_7N_2SH_{14}$），用去离子水稀释至 100mL，溶解后即可使用。贮存于冰箱中可保持一个半月以上。

## 本节小结

# 任务一　水中的钙离子含量测定

任务描述：水源水硬度的高低直接影响矿泉水、纯水及饮料的质量，国标中严格规定了矿泉水、纯水及其他食品饮料中硬度的大小，钙含量高低是影响水硬度的重要因素，请用 EDTA 络合滴定法测定自来水的钙含量。

一、请列出本次试验所有的仪器、试剂

二、实验数据记录

三、数据处理

四、任务小结

## 考核评价表一　络合滴定法测定钙含量

班级：_____　姓名：_____　学号：_____　开始时间：_____　结束时间：_____

| 考核内容与评分 | 考核指标与具体评分 | 各考核指标能力标准 | 考评记录 | | |
|---|---|---|---|---|---|
| | | | 个人 | 小组 | 教师 |
| 1. 检测员基本素质（10分） | 1.1　是准时到达工作岗位，2分 | 符合岗位工作规范和要求 | | | |
| | 1.2　穿戴符合工作要求，2分 | | | | |
| | 1.3　笔、纸、计算器等准备齐全，2分 | | | | |
| | 1.4　没有大声喧哗、随意串岗、脱岗，4分 | | | | |
| 2. 移液管的使用（10分） | 2.1　洗涤符合要求，2分 | 操作规范，达到国家或行业的检测标准 | | | |
| | 2.2　用待装溶液润洗3次，2分 | | | | |
| | 2.3　正确吸取溶液，用吸水纸擦拭管尖，不吸空，正确调节液面，3分 | | | | |
| | 2.4　放液姿势正确，放液后管尖停留10～15秒，3分 | | | | |
| 3. 滴定管准备（10分） | 3.1　挑选合适的滴定管，2分 | 程序、动作规范、熟练 | | | |
| | 3.2　装自来水静置2min试漏，1分 | | | | |
| | 3.3　洗涤符合要求，2分 | | | | |
| | 3.4　用待装液润洗2～3次，1分 | | | | |
| | 3.5　装溶液，赶气泡操作规范，2分 | | | | |
| | 3.6　准确调至调零，2分 | | | | |
| 4. 滴定操作（25分） | 4.1　掩蔽剂加入量合适，2分 | 熟练操作和读数，终点颜色判断正确 | | | |
| | 4.2　掩蔽剂加入顺序正确，2分 | | | | |
| | 4.3　指示剂量合适，加入操作正确，3分 | | | | |
| | 4.4　滴定管插入锥形瓶口约1～2cm，摇瓶操作正确，3分 | | | | |
| | 4.5　滴定姿势正确，3分 | | | | |
| | 4.6　滴定速度控制适当，2分 | | | | |
| | 4.7　半滴溶液的加入操作规范，3分 | | | | |
| | 4.8　终点判断准确，3分 | | | | |
| | 4.9　读数操作正确，2分 | | | | |
| | 4.10　读数记录正确，2分 | | | | |

| 考核内容与评分 | 考核指标与具体评分 | | 各考核指标能力标准 | 考评记录 | | |
|---|---|---|---|---|---|---|
| | | | | 个人 | 小组 | 教师 |
| 5. 分析结果（30分） | 5.1 | 极差与平均值之比小于 0.5%，10 分 | 极差与平均值之比 0.5，误差小于 0.5 % | | | |
| | 5.2 | 极差与平均值之比 0.5%～1%，5 分 | | | | |
| | 5.3 | 极差与平均值之比大于 1%，0 分 | | | | |
| | 5.4 | 误差小于 0.5%，20 分 | | | | |
| | 5.5 | 误差在 0.5%～1%内，15 分 | | | | |
| | 5.6 | 误差大于 1%，6 分 | | | | |
| | 5.7 | 误差大于 2%，0 分 | | | | |
| 6. 文明操作(15分) | 6.1 | 结束后，台面、试剂、仪器摆放整齐，2 分 | 符合 5S 工作规范和要求 | | | |
| | 6.2 | 废物按指定的方法处理，2 分 | | | | |
| | 6.3 | 操作熟练，4 分 | 熟练操作 | | | |
| | 6.4 | 数据真实，行为诚实，3 分 | 具有诚实守信、自律严谨的品格 | | | |
| | 6.5 | 器皿、仪器完好无缺，4 分 | 严谨的工作态度 | | | |
| 7. 考核时间 | 每超 5min 扣 2 分，以此类推，扣完分数为止 | | 50min | | | |
| 扣分 | | | | | | |
| 总分 | | | | | | |

注：每小项可以只写扣分，最后合计总分

# 课题三 分光光度法测钙

## 🔔 学习目标

✓ 学习分光光度法测定钙离子及分光光度计使用；
✓ 能认知可见分光光度计组成、配套部件和控制面板；
✓ 阅读说明书，熟悉仪器操作规程；
✓ 通过操作练习，能熟练操作可见分光光度计；
✓ 能对仪器进行校验，能对仪器进行日常维护与保养。

## 🔔 关键词

可见分光光度法　工作过程　结果处理

　　水和化学试剂中微量钙含量的测定在许多工业部门都是很重要和经常性的，在分析中经常应用化学法来测定，但适用于常量分析的化学法仍不能满足实际需求，如EDTA络合滴定法和重量法等灵敏度均较低。具有较高灵敏度的分光光度法与EDTA络合滴定法比较，对于钙含量较低的样品，显示出较高的灵敏度。分光光度法用于微量钙的测定，具有稳定性好、灵敏度和准确度高、试剂和仪器廉价、操作简便快速、结果准确等优点。

　　钙能与特定的显色剂结合生成有色络合物，在一定波长下，在一定浓度范围内其色泽的深浅与钙的浓度成正比。要定量地标示出溶液浓度与其色泽深浅的关系，要使用能在紫外-可见光区范围内测定溶液吸光度的分析仪器，此仪器称为紫外-可见分光光度计。

## 任务一 认识分光光度计

上分 722SK 型可见分光光度计

# 一、仪器组成[1]

光源 → 单色器 → 吸收池 → 检测器 → 信号显示系统

分光光度计部件

| 组成名称 | 图 示 | 说 明 |
|---|---|---|
| 光源 | 氘灯　钨灯 | (1) 光源：提供符合要求的入射光<br>(2) 要求：在整个紫外光区或可见光谱区可以发射连续光谱，具有足够的辐射强度、较好的稳定性、较长的使用寿命 |
| 单色器 | 棱镜　光栅<br>光路示意图<br>波长=700 nm | (1) 单色器：将光源发射的复合光分解成连续光谱并可从中选出任一波长单色光的光学系统<br>① 单色器主要由狭缝、色散元件和透镜系统组成<br>② 色散元件是棱镜和反射光栅的组合<br>③ 狭缝和透镜系统控制光的方向<br>(2) 棱镜单色器：利用不同波长的光在棱镜内的折射率不同将复合光色散为单色光<br>(3) 光栅单色器：一系列等宽、等距离的平行狭缝以光的衍射现象和干涉现象为基础（平面反射光栅和平面凹面光栅） |
| 吸收池 | | 又叫比色皿，用于盛放待测溶液和决定透光液层厚度的器件。主要有石英吸收池和玻璃吸收池两种。在紫外区须采用石英吸收池，可见区一般用吸收玻璃池。主要规格为 0.5cm、1.0cm、2.0cm、3.0cm 和 5.0cm。<br>注意事项：手执两侧的毛面，盛放液体高度 3/4 |

| 组成名称 | 图示 | 说明 |
|---|---|---|
| 检测器 |  | 检测器：利用光电效应将透过吸收池的光信号变成可测的电信号。常用的检测器有光电池、光电管及光电倍增管 |
| 信号显示系统 | | 以检流计或微安表指示仪表数字显示和自动记录型装置 |

# 二、仪器使用

以 S22PC 分光光度计为例，介绍常用可见分光光度计的使用。

## （一）仪器外形及操作键功能

仪器外形及功能键

分光光度计外观介绍

| 项目 | 图示 |
|---|---|
| 仪器外形 | |

续表

| 项　目 | 图　示 |
|---|---|
| 仪器正面指示窗口及操作键 | |
| 仪器正面指示标志及操作键 | |
| 仪器侧面及背面功能性接口 | |

## （二）仪器的基本操作

（1）预热：开机后预热 12～20min 才能进行测定工作。

（2）调零：打开试样盖或用不透光材料在样品室中遮断光路，然后按"0"，即能自动调整零位。

（3）调整"100％T"（T 为透射率）：将空白样品置于样品室光路中，盖上试样盖，按下"100％T"键，即能自动调整"100％T"位。

（4）调整波长：转动波长调节旋钮，选择所需波长，波长在显示窗口显示，读数时目光垂直观察。

（5）在试样槽中放试样，改变试样槽位置让不同样品进入光路：试样槽架有 4 位，最靠近测试者的为"0"，依次为"1"、"2"、"3"位。拉杆推向最里为"0"位，依次拉出为"1"、"2"、"3"位。

（6）确定滤光片的位置：本仪器备有减少杂散光的滤光片，以提高 340～380nm 波段吸光度的准确性，滤光片位于样品室内侧，用一拨杆来改变位置。当测试波长在 340～380nm 内时，可将拨杆拨推向前，通常不使用此滤光片，可将拨杆置在 400～100nm 位置。

（7）改变标尺：各标尺的转换由"MODE"键操作，并由"TRANS"、"ABS"、"FACT"、"CONC"键指示灯亮起来指示，开机初始状态为"TRANS"，每按一次顺序循环。

（8）串行数据发送：仪器配置有 RS-232C 串行通信口，可配合串行打印机或 PC 使用，RS-232C 输出口定义及数据格式如下。波特率 2400P/3；数据位 8 位；停止位 1 位。

（9）数据发送测试。

## （三）应用操作

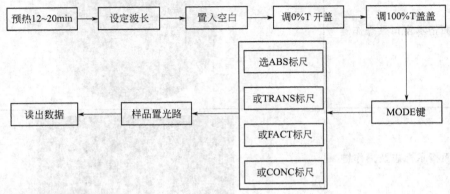

## （四）使用注意事项

（1）使用前请详细阅读操作方法。

（2）拉杆拉动样品槽至"0"位、"3"位时，应前后轻推确保定位准确。

（3）使用过程中调不到"100％T"时，应关闭电源，再开机调试。

（4）及时清理样品槽洒落的溶液。

（5）长时间不使用仪器应及时关闭电源。

（6）有故障及时报告实验室工作人员。

# 考核评价表二 分光光度计使用

班级：_____ 姓名：_____ 学号：_____ 开始时间：_____ 结束时间：_____

| 考核内容与评分 | 考核指标与具体评分 | 各考核指标能力标准 | 考评记录 | | |
|---|---|---|---|---|---|
| | | | 个人 | 小组 | 教师 |
| 1. 检测员的基本素质（10分） | 1.1 准时到达工作岗位，2分 | 符合岗位工作规范和要求 | | | |
| | 1.2 穿戴符合工作要求，2分 | | | | |
| | 1.3 笔、纸、计算器等准备齐全，2分 | | | | |
| | 1.4 没有大声喧哗、随意串岗、脱岗，4分 | | | | |
| 2. 准备工作（15分） | 2.1 检查仪器外观，电源连接安全，3分 | | | | |
| | 2.2 开机预热12～20min，4分 | 开机预热时间足够 | | | |
| | 2.3 调"0"和"100"操作，4分 | 操作规范 | | | |
| | 2.4 准确调节入射光波长，4分 | 波长调节准确 | | | |
| 3.吸收池配套性检查（30分） | 3.1 比色皿拿法正确，5分 | 拇指与食指均匀用力捏住吸收池毛面 | | | |
| | 3.2 用纯水清洗3次比色皿，5分 | 清洗操作规范，比色皿内部不挂水珠 | | | |
| | 3.3 用待测液润洗比色皿3次，5分 | 用待装液润洗3次 | | | |
| | 3.4 比色皿装溶液的量合适，5分 | 装溶液高度2/3～4/5 | | | |
| | 3.5 吸收池光面拂拭方法正确，5分 | 先用滤纸吸干，再用擦镜纸沿一个方向擦拭 | | | |
| | 3.6 皿差测量并记录数据，5分 | | | | |

续表

| 考核内容与评分 | 考核指标与具体评分 | 各考核指标能力标准 | 考评记录 | | |
|---|---|---|---|---|---|
| | | | 个人 | 小组 | 教师 |
| 4. 光度测量 (20分) | 4.1 用待测液润洗比色皿 3 次，5分 | 润洗操作熟练 | | | |
| | 4.2 测量顺序正确，5分 | 从稀溶液到浓溶液 | | | |
| | 4.3 比色皿放置，5分 | 按照光路方向放置 | | | |
| | 4.4 测量过程中重校"0"、"100"，5分 | | | | |
| 5. 记录与结论 (15分) | 5.1 原始记录正确、合理，5分 | | | | |
| | 5.2 数据校正正确，5分 | | | | |
| | 5.3 结论规范、完整，5分 | | | | |
| 6. 文明操作 (10分) | 6.1 清洗玻璃仪器、放回原处，清理实验台面，3分 | 符合 5S 工作规范和要求 | | | |
| | 6.2 洗涤比色皿并空干，3分 | | | | |
| | 6.3 关闭电源、罩上防尘罩，4分 | | | | |
| 7. 考核时间 | 每超 5min 扣 2分，以此类推，扣完分数为止 | 25min | | | |
| 扣分 | | | | | |
| 总分 | | | | | |

注：每小项可以只写扣分，最后合计总分。

# 课外阅读

## 紫外-可见分光光度计发展史

紫外-可见光分光光度法是一种灵敏、快速、准确、简单的分析方法，它在分析领域中的应用已有三十多年的历史。虽然在这段时间内各种分析方法有较大的发展，然而紫外-可见光分光光度法仍然是今日分析领域中应用最广泛的分析方法之一。随着科学技术和分光光度法的发展，分光光度计也处在迅速发展与改善之中。

分光光度计的发展趋势可以从下列两个方面来看：一是分光光度计的组件（如单色器、检测器、显示或记录系统、光源等）的改善与发展；二是分光光度计的结构（如单波长、双波长快速扫描、微处理机控制等）的发展。

（一）从分光光度计的组件看发展

1. 全息光栅正在迅速取代机刻光栅

早期的分光光度计几乎都采用各种棱镜作为色散元件，随着光栅制造技术，尤其是复制光栅的不断提高，成本不断降低，近几年来绝大多数分光光度计都改用光栅。最近，随着全息光栅技术的发展与商品化（它的杂散光很少，无鬼线），全息闪耀光栅正在迅速取代一般的闪耀光栅。例如美国珀金-埃尔默 554 型和 Lambda 3 型的紫外-可见光双光束分光光度计和英国 Pye Unicam SP8-200、Pye Unicam SP8-250 双光束紫外-可见光分光光度计等均采用全息光栅。

**2. 电视式显示和电子计算机绘图初露锋芒**

老式分光光度计都采用表头（如电位计）指示分析结果。随着数字电压表的商品化，表头很快就被数字电压表所取代。近年来随着微型计算机技术的迅速发展与价格日益便宜，分光光度计已经配用电视式显示和计算机绘图装置，如美国珀金-埃尔默 555 型分光光度计就已配用这类型的数据处理台。

**3. 电视型检测器已开始采用**

早期分光光度计多采用光电管作为光电检测元件，少数简易型分光光度计，例如国产 72 型，还采用光电池。近几年来，除了少数分光光度计，例如国产 751、721、125 型等，仍采用光电管外，绝大多数分光光度计都已采用光电倍增管，原因是因为其灵敏度高，响应速度快。近来，电视型检测器颇受重视，并已作了不少的探讨。最近，Update 仪器公司展出的 SFRSS 型 Stopped-flow 快速扫描分光光度计就采用光二极管固体电路阵列作为检测器。

**（二）从分光光度计的构型看发展**

**1. 电子计算机控制的分光光度计日见增多**

初期的分光光度计多用手控单光束的构型，例如英国产品 SP500 型、H700 型和我国 751 型都属这一类。20 世纪 60 年代的产品多用双光束自动记录构型，例如英国 SP700 型、日本 MPS5000 型和国产的 710、730、740 型等都是这一类产品。随着电子计算机技术的迅速发展，尤其是微处理机迅速商品化，20 世纪 70 年代中期起就不断出现了微处理机控制的分光光度计，例如日本日立的 340 型紫外-可见-近红外的记录式分光光度计，美国珀金-埃尔默的 554 和 555 型紫外-可见光双光束分光光度计，Beckman 公司 1980 年出产的 DU-8 型（单光束）紫外-可见光计算机控制的分光光度计，日立科学仪器公司的 110 型，Bausch&Lomb 公司的 Spectronic 2000 型都属于这一类。可以说，微处理机控制的分光光度计正方兴未艾，它不仅促使分光光度计进一步自动化，而且可大大改善仪器的性能。

**2. 双波长分光光度计迅速发展**

自 1968 年日立公司制出第一台商品化的 356 型双波长分光光度计以来，先后有日立 156 型；1972 年有 Aminco DW-2 型，1974 年有岛津 UV-300 型；1975 年有日立 556 型；1979 年我国有北京第二光学仪器厂的 WFZ 800S 型；1980 年初有日立 557 型等型号仪器先后问世。其中 UV-300 型有光谱数据处理机附件，557 型采用微型计算机控制。

**3. 快速扫描分光光度计陆续问世**

利用光分析可以跟踪化学反应过程，可是要了解一个化学反应过程至少得有几条吸收光谱才行。一般分光光度计从紫外到可见光区扫描一条吸收光谱最快也得 2～3min，不难看出，一般分光光度计只适于历程为 20～30min 以上的反应，要研究速度较快的反应就得设计出快速扫描分光光度计。目前属于这类型的商品有日立 RSP-2 型快速扫描分光光度计，它在紫外-可见光区的扫描速度为 0.15s。1980 年 Update Instrument 展出 SFRSS 型的快速扫描分光光度计也属这种类型。

4. 光声光谱又复活

虽然采用积分球反射附件的分光光度计能够部分地解决固体样品的分析，然而它的灵敏度差，再现性不好，结果往往不能令人满意，而光声光谱法却能满意地解决固体样品的分析。光声光谱现象虽然早在 1880 年为 Bell 所发现，可是这种技术直到 20 世纪 70 年代才复活，目前颇受人们重视，商品化仪器亦陆续出现，例如 1978 年 Gilford R-1500 型光声光谱仪以及 1979 年 Princton 应用研究所的产品 6001 型光声光谱仪。

# 任务二　分光光度法测钙离子含量

## 一、实验目的

（1）能对仪器及比色皿进行校验，能利用可见分光光度计，采用工作曲线法测定样品中钙的含量，并对测定数据进行处理。

（2）能对实验结果进行分析，找出实验成败的原因，提高分析问题的能力。

## 二、实验原理

在碱性条件下，钙与甲基百里香酚蓝（MTB）结合生成蓝色络合物，在 610nm 下，在一定浓度范围内其色泽的深浅与钙的浓度成正比。

## 三、仪器与试剂

1. 仪器

可见分光光度计、1cm 比色皿、25/50mL 比色皿、移液管、定量加液器。

2. 试剂

100$\mu$g/L 钙标准溶液、0.5g/L 甲基百里香酚蓝溶液、pH＝8.0 的醋酸铵缓冲溶液、待测样品。

## 四、实验操作步骤

（1）配制 0.1000mg/mL 钙标准贮备溶液。

（2）分别配制 0.5g/L 甲基百里香酚蓝溶液 100mL、pH＝8.0 的醋酸铵缓冲溶液 100mL。

（3）准备 5 个洁净的 50mL 比色管。

（4）在 6 支比色管中各加入 100.0$\mu$g/mL 钙标准溶液 0.00mL、0.20mL、0.40mL、0.60mL、0.80mL、1.00mL；在另 2 支比色管中分别加入 5mL 未知试液。

（5）加入 2mL 0.5g/L 甲基百里香酚蓝溶液，5mL pH＝8.0 的醋酸铵缓冲溶液，用蒸馏水稀释至标线，摇匀。

（6）用 1cm 吸收池，以试剂空白为参比溶液，在 620nm 下，测定并记录各溶液吸光度。

## 五、数据记录与处理

1. 数据记录

| 加入钙标体积/mL | 0.0 | 0.2 | 0.4 | 0.6 | 0.8 | 1.0 | 样品1 | 样品2 |
|---|---|---|---|---|---|---|---|---|
| 比色皿校正值 | | | | | | | | |
| 测定吸光度值 | | | | | | | | |
| 校正后吸光值 | | | | | | | | |

2. 数据处理

3. 结论

4. 思考题

(1) 在钙标准液和试液中加入甲基百里香酚蓝溶液、醋酸铵缓冲溶液，有何现象产生？它们各自的作用是什么？

(2) 在配制溶液的时候，未知试液与标准溶液同时配制的目的是什么？

(3) 为什么选择试剂空白？其作用是什么？

(4) 工作波长为什么选择为620nm？

## 课外阅读

### 钙与人类生活

1. 钙是生命进化之源

10 亿年前有软体动物，后来经过钙的积聚，4 亿年前出现鱼类。钙是形成生命阶梯进化的关键性物质，是生命进化之源，同样是基因进化之源。钙对细胞的新陈代谢等生命活动起主导调控作用，科学已经证实这说法。99％的钙分布在骨骼和牙齿中，是构成机体组织的主要成分，并使骨骼有一定的硬度，起着支撑身体的作用。1％的钙分布在血液、细胞间液及软组织中，具有维持脑及心脏功能正常，负担所有正常细胞生理状况的调节及分泌激素、凝固血液等作用，细胞没有钙便不能生存。

2. 钙在人体中有重要的作用

(1) 维持细胞的生存和功能。

(2) 降低神经细胞的兴奋性，所以说钙是一种天然的镇静剂。

(3) 强化神经系统的传导功能。

(4) 降低（调节）细胞和毛细血管的通透性。

(5) 促进体内多种酶的活动。缺钙时，腺细胞的分泌作用减弱。钙还是酶的激活剂。

(6) 钙有镇静作用，当体液中钙浓度降低时，神经和肌肉的兴奋性增高，肌肉出现自发性收缩，严重时出现抽搐，当体液中钙浓度增加时，则抑制神经和肌肉的兴奋性。

(7) 钙对维持体内酸碱平衡，维持和调节体内许多生化过程是必需的，它能促进体内多种酶的活动，是多种酶激活剂，如脂肪酶、淀粉酶等均受钙离子的调节。当体内钙缺乏时蛋白质、脂肪、碳水化合物不能充分利用，导致营养不良、厌食、便秘、发育迟缓、免疫功能下降。

(8) 钙为一种凝血因子，在凝血酶原转变为凝血酶时起到催化作用，然后凝血酶使纤维蛋白原聚合为纤维蛋白使血液凝固。钙与磷脂结合，维持细胞膜的完整性和通透性。钙离子能使体液正常通过细胞膜，通常用来缓解由于过敏等症所引起的细胞膜渗透压的改变。

日常生活中，如果钙摄入不足，人体就会出现生理性钙透支，造成血钙水平下降。

### ‹ 练 习 ›

一、选择题

1. $CaCO_3$ 沉淀溶解的原因是（    ）。

A. $[Ca^{2+}][CO_3^{2-}] < K_{SP}$　　　　B. $[Ca^{2+}][CO_3^{2-}] > K_{SP}$

C. $[Ca^{2+}][CO_3^{2-}] = K_{SP}$　　　　D. $[Ca^{2+}][CO_3^{2-}] = 0$

2. 在 $Ca^{2+}$、$Mg^{2+}$ 的混合液中，调节试液酸度为 pH＝12，再以钙指示剂作指示剂用 EDTA 滴定 $Ca^{2+}$。这种提高配位滴定选择性的方法，属于（    ）。

A. 沉淀掩蔽法　　　　　　　B. 氧化还原掩蔽法

C. 配位掩蔽法　　　　　　　D. 化学分离法

3. 在 EDTA 配位滴定中，若只存在酸效应，（    ）的说法是对的。

A. 络合物稳定常数越大，允许的最高酸越小

B. 加入缓冲溶液可使络合物条件稳定常数随滴定进行明显增大

C. 金属离子越易水解，允许的最低酸度就越低

D. 加入缓冲溶液可使指示剂变色在一稳定的适宜酸度范围内

4. 在 EDTA 配位滴定中，若只存在酸效应，说法错误的是（　　）。

A. 若金属离子越易水解，则准确滴定要求的最低酸度就越高

B. 络合物稳定性越大，允许酸度越小

C. 加入缓冲溶液可使指示剂变色反应在一稳定的适宜酸度范围内

D. 加入缓冲溶液可使络合物条件稳定常数不随滴定的进行而明显变化

5. 用 EDTA 滴定水中的 $Ca^{2+}$、$Mg^{2+}$ 时，加入三乙醇胺消除 $Fe^{3+}$、$Al^{3+}$ 的干扰是（　　）掩蔽法。

A. 配位　　　　　　B. 氧化还原　　　　　　C. 沉淀　　　　　　D. 酸碱

6. 在烧结铁矿石的试液中，$Fe^{3+}$、$Al^{3+}$、$Ca^{2+}$、$Mg^{2+}$ 共存，用 EDTA 法测定 $Fe^{3+}$、$Al^{3+}$ 要消除 $Ca^{2+}$、$Mg^{2+}$ 的干扰，最简便的方法是（　　）。

A. 沉淀分离法　　　B. 控制酸度法　　　　C. 配位掩蔽法　　　D. 离子交换法

7. 沉淀掩蔽剂与干扰离子生成的沉淀的（　　）要小，否则掩蔽效果不好。

A. 稳定性　　　　　B. 还原性　　　　　　C. 浓度　　　　　　D. 溶解度

8. 用 EDTA 测定水中的 $Ca^{2+}$、$Mg^{2+}$ 时，加入（　　）是为了掩蔽 $Fe^{3+}$、$Al^{3+}$ 的干扰。

A. 三乙醇胺　　　　B. 氯化铵　　　　　　C. 氟化铵　　　　　D. 铁铵矾

9. 在金属离子 M 与 EDTA 的络合平衡中，若忽略络合物 MY 生成酸式和碱式络合物的影响，则络合物条件稳定常数与副反应系数的关系式应为（　　）。

A. $\lg K'_{MY} = \lg K_{MY} - \lg a_M - \lg a_y$

B. $a_Y = a_{Y(H)} + a_{Y(N)} - 1$

C. $\lg K'_{MY} = \lg K_{MY} - \lg a_M - \lg a_y + \lg a_{MY}$

D. $\lg K'_{MY} = \lg K_{MY} - \lg a_{Y(H)}$

10. 用 EDTA 标准溶液滴定某浓度的金属离子 M，被滴定溶液中的 pM 或 pM′ 值在化学计量之前，由（　　）来计算。

A. $pM = \dfrac{1}{2}(\lg K_{MY} + P\,C_M^{eq})$

B. $pM' = \dfrac{1}{2}(\lg K'_{MY} + P\,C_M^{eq})$

C. 剩余的金属离子平衡浓度 [M] 或 [M′]

D. 过量的 [Y] 或 [Y′] 和 $K_{MY}$ 或 $K'_{MY}$

11. 以钙标准溶液标定 EDTA 溶液，可选（　　）作指示剂。

A. 磺基水杨酸　　　B. K-B 指示剂　　　　C. PAN　　　　　　D. 二甲酚橙

12. 某试液含 $Ca^{2+}$、$Mg^{2+}$ 及杂质 $Fe^{3+}$、$Al^{3+}$，在 pH＝10 时，加入三乙醇胺后，以 EDTA 滴定，用络黑 T 为指示剂，则测出的是（　　）。

A. $Fe^{3+}$、$Al^{3+}$ 总量　　　　　　　　B. $Mg^{2+}$ 含量

C. $Ca^{2+}$、$Mg^{2+}$ 总量　　　　　　　　D. $Ca^{2+}$ 含量

13. 已知 $\lg K_{mgY} = 8.7$，在 pH＝10.00 时，$\log_a Y_{(M)} = 0.45$，以 $2.0 \times 10^{-2}$ mol/L EDTA

滴定 $2.0\times10^{-2}$ mol/L $Mg^{2+}$，在滴定的化学计量点 pMg 值为（　　）。

    A. 8.7        B. 5.13        C. 0.45        D. 8.25

14. 用 EDTA 滴定金属离子 M，在只考虑酸效应时，若要求相对误差小于 0.1%，则滴定的酸度条件必须满足（　　）。

式中：$C_M$ 为滴定开始时金属离子浓度，$\alpha_Y$ 为 EDTA 的酸效应系数，$K_{MY}$ 和 $K'_{MY}$ 分别为金属离子 M 与 EDTA 络合物的稳定常数和条件稳定常数。

    A. $C_M\dfrac{K_{MY}}{\alpha_Y}\geq10^6$    B. $C_M K_{MY}\geq10^6$    C. $C_M\dfrac{K'_{MY}}{\alpha_Y}\geq10^6$    D. $\alpha K'_{MY}\geq10^6$

15. 对于 EDTA 滴定法中所用的金属离子指示剂，要求它与被测离子形成的络合物条件稳定常数 $K'_{MIn}$ 与该金属离子与 EDTA 形成的络合物条件稳定常数 $K_{MY}$ 的关系是（　　）。

    A. $K'_{MIn}<K'_{MY}$    B. $K'_{MIn}>K'_{MY}$    C. $K'_{MIn}=K'_{MY}$    D. $\lg K'_{MIn}\geq8$

16. 已知 $K_{cay}=10^{10.69}$，在 pH=10.00 时，$\alpha_{Y(H)}=10^{0.45}$，以 $1.0\times10^{-2}$ mol/L EDTA 滴定 20.00mL $1.0\times10^{-2}$ mol/L $Ca^{2+}$ 溶液，在滴定的化学计量点 pCa 为（　　）。

    A. 6.27        B. 10.24        C. 10.69        D. 0.45

17. 在 $Ca^{2+}$、$Mg^{2+}$ 的混合液中，调节试液酸度为 pH=14，再以钙指示剂作指示剂用 EDTA 滴定 $Ca^{2+}$，这种提高配位滴定选择性的方法，属于（　　）。

    A. 沉淀掩蔽法              B. 氧化还原掩蔽法

    C. 配位掩蔽法              D. 化学分离法

18. 只能在（　　）溶液中使用 KCN 作掩蔽剂。

    A. 中性        B. 碱性        C. 微酸性        D. 酸性

19. 处理一定量大理石试样，使其中的 Ca 全部转化 $CaC_2O_4$，将此 $CaC_2O_4$ 溶于稀 $H_2SO_4$，再用 $KMnO_4$ 标准溶液滴定，根据 $KMnO_4$ 标准溶液的浓度和滴定至终点用去的体积求大理石中的 $CaCO_3$ 含量，属于（　　）结果计算。

    A. 返滴定法        B. 直接滴定法        C. 间接滴定法        D. 置换滴定法

20. 称取 $CaCO_3$ 和 $MgCO_3$ 的混合物 0.7093g，灼烧至恒重后得 CaO 和 MgO 混合物 0.3708g，则试样中 $CaCO_3$ 的百分含量为（　　）。（已知原子量 Ca：12.01，O：16，Mg：24.31）

    A. 32.32%        B. 54.48%        C. 38.61%        D. 45.57%

## 二、判断题

（　　）1. 在 EDTA 络合滴定中，条件稳定常数越大，滴定突跃越大，因此滴定时 pH 越大，滴定突跃越小。

（　　）2. 在 EDTA 滴定法中，被选择的金属离子指示剂必须在滴定反应的化学计量点附近的 pM 突跃范围内变色。

（　　）3. 为使沉淀溶解损失减小到允许范围内加入适当过量的沉淀剂可达到目的。

（　　）4. 掩蔽剂不可能引起测定误差。

（　　）5. 用 EDTA 滴定金属离子 M，以 pM 或 pM′（即未生成 EDTA 络合物的金属离子总浓度的负对数值）对滴定加入的 EDTA 的量作图，就是 EDTA 对该金属离子的滴定曲线。

（　　）6.在 EDTA 配位滴定中，测定某金属离子的最高酸度是指在滴定分析所允许的相对误差范围内，准确滴定某离于所允许的最高酸度。

（　　）7.在沉淀滴定法中，各种指示终点的指示剂都有其特定的酸度使用范围。

（　　）8.EDTA 络合物的条件稳定常数 $K'_{MY}$ 随溶液的酸度而改变，酸度越大，$K'_{MY}$ 越小。

（　　）9.在 EDTA 滴定法中，金属离子指示剂的变色点在同一种金属离子的不同酸度的溶液中是相同的。

**三、简答题**

用分光光度法定量分析样品时，如何选择入射光的波长？

# 模块二
# 铁含量测定

## Chapter 02

## 课题一　铁的测定方法

**学习目标**

√　了解铁测定的意义；
√　能说出铁离子的测定方法；
√　学习各种铁测定方法的优缺点及应用范围；
√　能应用不同测定方法去分析各种样品的铁含量。

铁是地球上分布最广、最常用的金属之一，约占地壳质量的 5.6%，居元素分布序列中的第四位，仅次于氧、硅和铝，但天然水体中含量并不高。

在自然界，游离态的铁只能从陨石中找到，分布在地壳中的铁都以化合物的状态存在。水样中铁的存在形式是多种多样的，可以在溶液中以简单的水合离子和复杂的无机、有机络合物形式存在。也可以存在于胶体、悬浮物和颗粒物中，可能是二价，也可能是三价的。地表水中，铁以三价铁形式存在，可形成氢氧化铁沉淀或胶体微粒。地下水中，铁以二价铁的形式存在，可达数十毫克/升。沼泽水中铁可能以有机铁的形式存在。易生成沉淀或锈斑、水垢组成物。

铁及其化合物均为低毒性和微毒性，含铁量高的水往往带有黄色，有铁腥味。如作为印

染、纺织、造纸等工业用水时，则会在产品上形成黄斑，影响质量，因此这些工业用水的铁含量必须在 0.1mg/L 以下。水中铁的污染来源主要是选矿、冶炼、炼铁、机械加工、工业电镀、酸洗废水等。

人体摄入过量的铁会产生慢性或急性铁中毒，可导致肝硬化、胰腺纤维化等，急性铁中毒还会使胃肠道上皮细胞发生广泛性坏死，甚至出现生命危险。我国规定生活饮用水的铁含量最高容许浓度为 0.3mg/L，地面水为 0.5mg/L。

## 一、铁含量的测定方法

能用于铁含量测定的方法比较多，常用的化学分析方法有＿＿＿＿＿＿和＿＿＿＿＿＿，而仪器分析方法则有＿＿＿＿＿＿、＿＿＿＿＿＿、＿＿＿＿＿＿、＿＿＿＿＿＿等。

## 二、测铁方法的选择

**经验分享　　　　分析方法选择依据**

如何选择正确的分析方法对提高分析人员的技术来说是很重要的。选择分析方法应综合考虑分析目的、准确度要求、分析室现有技术水平、分析样品特性及分析成本等要素。

## 三、样品的保存与处理

铁暴露于空气中，二价铁易被迅速氧化为三价，水样品 pH＞5 时，易导致高价铁的水解沉淀。样品在保存和运输过程中，水中细菌的繁殖也会改变铁的存在形态。样品的不稳定性和不均匀性对分析结果影响颇大，因此必须仔细进行样品的预处理。

测总铁，固体样品要隔绝氧气和水分，水样在采样后立刻用盐酸酸化至 pH＝1 保存；测过滤性铁，应在采样现场经 0.45μm 的滤膜过滤，滤液用盐酸酸化至 pH＝1；测亚铁的样品，最好在现场显色测定，或按适当的方法（可以参考分光光度法）操作步骤处理。

**◁ 本节小结 ▷**

## 课外阅读

### 含铁量丰富的食物

苣菜和晋中红蘑可算是含铁量最高的食物。含铁丰富的食物还有动物血、肝脏、瘦肉、鱼、禽等。一般来说，动物性食品中的含铁量及铁吸收率都高于植物性食品，这也是以谷物为主的贫困地区或食素者贫血高发的主要原因。绿叶蔬菜和水果中铁的含量虽然低于动物性食品，但由于其中富含维生素C和有机酸，能够促进铁的吸收。新鲜的西红柿、芹菜、油菜、柑橘、杨梅、杏、红枣、沙棘等蔬菜水果中维生素C及铁的含量较高。茶叶及蔬菜中的酸性物质、菠菜中的草酸都可减低人体对铁的吸收。因此，提倡大家在饮食结构上注意荤素搭配、混合膳食，以及进食铁强化食品，从而保证铁的摄入量充足。

# 任务一　铁含量测定分析方法

1.请你查阅资料，比较各种铁含量测定方法。

| 常用测铁的方法 | | | | | |
|---|---|---|---|---|---|
| 类型 | 化学分析方法 | | 仪器分析方法 | | |
| 方法 | | | | | |
| 原理 | | | | | |
| 检出限 | | | | | |
| 相对误差 | | | | | |
| 优点 | | | | | |
| 缺点 | | | | | |

2.请谈谈下面各分析任务的意义，并为检验任务选择最合适的测定方法，说明选择该方法的理由。选择其中一个任务写出检测方案。

（1）校园自来水中铁含量的检测。

（2）工业酸洗废水铁含量测定，总铁含量在50g/L左右，pH在0.75～1.0之间。

（3）硅酸盐水泥中氧化铁含量的测定。

（4）生活废水中铁含量的测定。

（5）葡萄酒中铁含量的测定。

（6）鲜奶中铁含量的测定。

（7）炼钢炉渣中氧化亚铁含量的测定。

（8）强化铁酱油中铁含量的测定。

（9）铁矿石全铁含量的测定。

# 任务二　复杂样品中铁含量测定方案

| | |
|---|---|
| 工作任务 | |
| 工作任务意义 | |
| 选用测定方法 | |
| 选择测定方法理由 | |
| 测定方案 | |

## 考核评价表一　复杂样品中铁含量测定方案

班级：_____　姓名：_____　学号：_____　开始时间：_____　结束时间：_____

| 考核内容与评分 | 考核指标与具体评分 | 各考核指标能力标准 | 各组得分 | | | | |
|---|---|---|---|---|---|---|---|
| | | | 第一组 | 第二组 | 第三组 | 第四组 | 第五组 |
| 1. 基本素质（10分） | 1.1　准时到达、穿戴符合要求，4分 | 符合岗位工作规范和要求 | | | | | |
| | 1.2　笔、纸、资料等用具准备齐全，2分 | | | | | | |
| | 1.3　没有大声喧哗、随意说话，纪律良好，4分 | | | | | | |
| 2. 方案表达（10分） | 2.1　运用标准普通话讲述，声音洪亮、口齿清晰、表达流畅，4分 | 语言表达清晰、流畅 | | | | | |
| | 2.2　陈述内容简明、逻辑清晰、富有条理，2分 | | | | | | |
| | 2.3　陈述过程中运用恰当的态势语，2分 | | | | | | |
| | 2.4　衣着整洁，仪态端庄，举止自然，体现朝气蓬勃的精神面貌，2分 | | | | | | |
| 3. 方法选择（10分） | 3.1　方法符合分析目的，2分 | 方法选择恰当 | | | | | |
| | 3.2　符合样品准确度要求，3分 | | | | | | |
| | 3.3　充分考虑分析样品特性，3分 | | | | | | |
| | 3.4　有多个方法可选时要考虑分析成本，2分 | | | | | | |

续表

| 考核内容与评分 | 考核指标与具体评分 | 各考核指标能力标准 | 各组得分 | | | | |
|---|---|---|---|---|---|---|---|
| | | | 第一组 | 第二组 | 第三组 | 第四组 | 第五组 |
| 4. 方案完整性（25分） | 4.1　考虑采样方法步骤，5分 | 设计方案包括完整的工作过程 | | | | | |
| | 4.2　样品处理方法及步骤，5分 | | | | | | |
| | 4.3　实验准备工作充分，5分 | | | | | | |
| | 4.4　测试操作步骤详细，5分 | | | | | | |
| | 4.5　合适数据处理方法，5分 | | | | | | |
| 5. 方案可行性（10分） | 5.1　设计科学，具有可操作性，3分 | 设计方案合理、考虑安全性和可操作性 | | | | | |
| | 5.2　现有实验条件能够满足方案实施，3分 | | | | | | |
| | 5.3　符合安全规范要求，4分 | | | | | | |
| 6. 方案实施（25分） | 6.1　仪器操作规范，10分 | 符合5S工作规范和要求 | | | | | |
| | 6.2　操作步骤正确，5分 | | | | | | |
| | 6.3　文明操作、实验用具摆放整齐，5分 | | | | | | |
| | 6.4　数据处理正确，5分 | | | | | | |
| 7. 团队合作（10分） | 7.1　团队共同完成，5分 | 注重团队合作精神 | | | | | |
| | 7.2　团队分工合理，注意发挥个人特长，5分 | | | | | | |
| 总分 | | | | | | | |

评分人：

# 课题二    邻菲啰啉分光光度法

## 学习目标

✓　能对给定的样品选择正确的分析方法；
✓　制订分析任务的检验过程完整的工作方案；
✓　能对复杂体系样品中干扰物或基体的消除；
✓　能根据工作方案并进行实验操作，进行处理，要求测定结果相对误差小于 2%。

## 关 键 词

分光光度计法　实验设计　实验操作　结果处理

## 一、概述

### 1. 方法原理

亚铁在 pH＝3～9 之间的溶液中与邻菲啰啉生成稳定的橙红色络合物 $(C_{12}H_8N_2)_3Fe^{3-}$。

此络合物在避光时可稳定半年。测量波长为 510nm，其摩尔吸光系数为 $1.1 \times 10^4$。若用还原剂（如盐酸羟胺）将高铁离子还原，则本法可测高铁离子及总铁含量。

### 2. 干扰及消除

强氧化剂、氰化物、亚硝酸盐、焦磷酸盐、偏聚磷酸盐及某些重金属离子会干扰测定。经过加酸煮沸可将氰化物及亚硝酸盐除去，并使焦磷酸、偏聚磷酸盐转化为正磷酸盐以减轻干扰。加入盐酸羟胺则可消除强氧化剂的影响。

邻菲啰啉能与某些金属离子形成络合物而干扰测定。但在乙酸-乙酸胺的缓冲溶液中，不大于铁浓度 10 倍的铜、锌、钴、铬及小于 2 mg/L 的镍，不干扰测定，当浓度再高时，加入过量显色剂予以消除。汞、镉、银等与邻菲啰啉形成沉淀，若浓度低时，可加过量的邻菲啰啉来消除；浓度高时，可将沉淀过滤除去。水样有底色，可用不加邻菲啰啉的试液作参比，对水样的底色进行校正。

### 3. 方法适用范围

此法适用于一般环境水和废水中的铁的监测，最低检出浓度为 0.03 mg/L，测定上限为 5.00 mg/L。对铁离子大于 5.00 mg/L 的水样，可适当稀释后再按本方法进行测定。

## 二、仪器

分光光度计，10mm 比色皿。

## 三、试剂

(1) 铁标准贮备液：准确称取 0.7020g 硫酸亚铁铵，溶于 1＋1 硫酸 50mL 中，转移至

1000mL 容量瓶中，加水至标线，摇匀。此溶液每毫升含铁 $100\mu g$。

（2）铁标准使用液：准确移取标准贮备液 25.00 mL 置 100 mL 容量瓶中，加水至标线，摇匀。此溶液每毫升含铁 $25.0\mu g$。

（3）1＋3 盐酸。

（4）10％（m/V）盐酸羟胺溶液。

（5）缓冲溶液：40g 乙酸铵加 50 mL 冰乙酸用水稀释至 100 mL。

（6）0.5％（m/V）邻菲啰啉溶液，加数滴盐酸帮助溶解。

# 四、操作步骤

### 1. 校准曲线绘制

依次移取铁标准使用液 0mL、2.00 mL、4.00 mL、6.00 mL、8.00 mL、10.0 mL 置 150 mL 锥形瓶中，加入蒸馏水至 50.0mL，再加入 1＋3 盐酸 1 mL，10％（m/V）盐酸羟胺 1 mL，玻璃珠 1～2 粒。然后，加热煮沸至溶液剩 15 mL 左右，冷却至温室，定量转移至 50 mL 具塞刻度管中。加一小片刚果红试纸，滴加饱和乙酸钠溶液至刚刚变红，加入 5 mL 缓冲溶液、0.5％（m/V）邻菲啰啉溶液 2 mL，加水至标线，摇匀。显色 15min 后，用 10 mm 比色皿，以水为参比，在 510nm 处测量吸光度，由经过空白校正的吸光度对铁的微克数作图。

### 2. 总铁的测定

采样后立即将样品用盐酸酸化至 pH＝1，分析时取 50.0 mL 混匀水样置 150 mL 锥形瓶中，加 1＋3 盐酸 1 mL，盐酸羟胺溶液 1 mL，加热煮沸至体积减少到 15 mL 左右，以保证全部铁的溶解和还原。若仍有沉淀应过滤除去。以下按绘制校准曲线同样操作，测量吸光度并做空白校正。

### 3. 亚铁的测定

采样时将 2 mL 盐酸放在一个 100 mL 具塞的水样瓶内，直接将水样注满样品瓶，塞好塞以防氧化，一直保存到进行显色和测量（最好现场测定或现场显色）。分析时只取适量水样，直接加入缓冲溶液于邻菲啰啉溶液中，显色 5～10min，在 510nm 处以水为参比测量吸光度，并作空白校正。

### 4. 可过滤铁的测定

在采样现场，用 $0.45\mu m$ 滤膜过滤水样，并立即用盐酸酸化过滤水至 pH＝1，准确吸取样品 50 mL 置 150 mL 锥形瓶中，以下操作步骤与 1 相同。

计算

$$铁（Fe, mg/L）= \frac{m}{V}$$

式中 $m$——由校准曲线查得铁量，$\mu g$；

$\qquad V$——水样体积，mL。

# 五、注意事项

（1）各批试剂的铁含量如不相同，每新配一次试液，都需要重新绘制校准曲线。

（2）含 $CN^-$ 或 $S^{2-}$ 离子的水样酸化时，必须小心进行，因为会产生有毒气体。

（3）若水样含铁量较高，可适当稀释；浓度低时可换用 30mm 或 50mm 的比色皿。

# 六、定量方法

（1）利用光吸收定律 $A = \varepsilon bc$ 直接计算。

如已知：$\varepsilon_{Fe} = 1.1 \times 10^4$，$b = 2cm$，$\lambda = 510nm$，请同学们根据公式计算出试样中铁的浓度（该水试样中铁的准确浓度为 $10.0\mu g/mL$）。

（2）利用一个标样的含量进行比较计算。$C_x = A_x C_s / A_x$，请同学们选一个标准溶液的吸光度和浓度计算试样的量。

比较法：特点是操作简单，适用于个别样品的测定，要求所配制标样的浓度与试样浓度相当。

（3）利用绘制工作曲线进行计算。

① 由公式 $A = \varepsilon bc$，在测量条件一致的条件下（$\lambda$、$b$ 不变），吸光度 $A$ 与浓度 $c$ 呈正比关系，若以 $A$ 为纵坐标，以 $c$ 为横坐标，可得一条直线，称工作曲线。

② 设想如果横坐标 $c$ 的浓度已知，则通过测量就可知道与 $c$ 一一对应的纵坐标 $A$ 值，如下图。

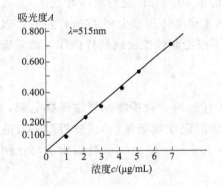
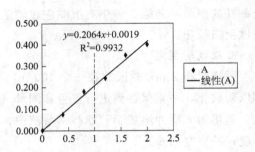

③ 利用工作曲线计算试样中被测组分的含量。

④ 计算公式：$\rho_{试} = V \times \rho_{标} / V_{移}$。

根据所测铁标准溶液以 $A$ 为纵坐标，$c$ 为横坐标，绘制相应工作曲线。

不同浓度标准溶液在配制时存在偶然误差，利用绘制的工作曲线可在一定程度上消除这种误差。

（4）最小二乘法（一元线性回归方程）。

设工作曲线方程为

$$y = a + bx$$

式中　$x$——标准溶液的浓度；

　　　$y$——相应的吸光度；

　　$a$，$b$——回归系数。

可以通过计算公式直接得到 $a$、$b$ 与 $\gamma$ 的数值。

$$a = \frac{\sum_{i=1}^{n} y_i - b \sum_{i=1}^{n} x_i}{n} = \bar{y} - b\bar{x} \quad b = \frac{\sum_{i=1}^{n}(x_i - \bar{x})(y_i - \bar{y})}{\sum_{i=1}^{n}(x_i - \bar{x})^2}$$

$$y = b \sqrt{\frac{\sum_{i=1}^{n}(x_i - \bar{x})^2}{\sum_{i=1}^{n}(y_i - \bar{y})^2}}$$

相关系数接近 1，说明工作曲线线性好。

最小二乘法的特点是适于成批样品的分析，可消除一定的随机误差。

(5) 使用工作曲线法的要点。

① 在测定样品时，为保证显色条件一致，操作时试样与标样同时显色，再在相同测量条件下测量试样与标样溶液的吸光度。

② 为保证测定准确度，标样与试样溶液的组成应保持一致，待测试液的浓应在工作曲线线性范围内，最好在工作曲线中部。

③ 工作曲线应定期校准，如果实验条件变动（如更换标准溶液、所用试剂重新配制、仪器经过修理、更换光源等情况），工作曲线应重新绘制。

④ 如果实验条件不变，那么每次测量只需带一个标样，校验一下实验条件是否符合，就可直接用此工作曲线测量试样的含量。

⑤ 测定时，为避免使用时出差错，所作工作曲线上必须标明标准曲线的名称、所用标准溶液（或标样）名称和浓度、坐标分度和单位、测量条件（仪器型号、入射光波长、吸收池厚度、参比液名称）以及制作日期和制作者姓名。

本节小结

# 任务一　校园自来水铁含量测定

## 一、仪器、试剂

## 二、实验步骤

## 三、实验数据记录

## 四、数据处理

## 五、任务小结

# 任务二 生活废水中铁含量测定

| | | | | | |
|---|---|---|---|---|---|
| 制订方案 | 人员分工 | | 负责工作 | | |
| | | | | | |
| | | | | | |
| | | | | | |
| | | | | | |
| | | | | | |
| | 方法选择 | | | | |
| | 仪器选择 | | | | |
| | 试剂选择 | | | | |
| | 实验基本流程 | | | | |
| | 师生讨论修改方案 | | | | |
| 任务实施 | 数据记录及处理 | | | | |

| 任务实施 | |
|---|---|
| 任务总结 | |

# 考核评价表二 生活废水中铁离子测定

班级：_____ 姓名：_____ 学号：_____ 开始时间：_____ 结束时间：_____

| 考核内容<br>与评分 | 考核指标与具体评分 | 各考核指标能力标准 | 考评记录 | | |
|---|---|---|---|---|
| | | | 个人 | 小组 | 教师 |
| 1. 检测员<br>的基本素<br>质（10分） | 1.1 是准时到达工作岗位，2分 | 符合岗位工作规范和<br>要求 | | | |
| | 1.2 穿戴符合工作要求，2分 | | | | |
| | 1.3 笔、纸、计算器等准备齐<br>全，2分 | | | | |
| | 1.4 没有大声喧哗、随意串岗、<br>脱岗，4分 | | | | |
| 2. 准备工<br>作（10分） | 2.1 正确选择玻璃仪器，1分 | 根据测定方法，选取<br>合适仪器 | | | |
| | 2.2 玻璃仪器的洗涤正确，2分 | 干净，不挂水珠 | | | |
| | 2.3 比色皿的清洗，2分 | 拇指与食指均匀用力<br>捏住吸收池毛面，清<br>洗干净 | | | |
| | 2.4 检查仪器外观、电源连接安<br>全，开机预热 12～20min，1分 | 开机预热时间足够 | | | |
| | 2.5 调"0"和"100"操作规<br>范，2分 | 操作规范 | | | |
| | 2.6 入射光波长调节准确，2分 | 波长调节准确 | | | |

| 考核内容<br>与评分 | 考核指标与具体评分 | 各考核指标能力标准 | 考评记录 | | |
|---|---|---|---|---|---|
| | | | 个人 | 小组 | 教师 |
| 3. 标准溶液制备<br>(10分) | 3.1 吸量管润洗3次，1分 | 润洗操作熟练 | | | |
| | 3.2 吸量管插入溶液前及调节液面前应用滤纸擦拭管尖部，1分 | 注意不能使吸量管管尖受污染 | | | |
| | 3.3 放液操作正确，1分 | 放液时吸量管垂直，容量瓶倾斜约30度，管尖抵容量瓶内壁 | | | |
| | 3.4 溶液放尽后，吸量管停留15秒后移开，1分 | 停靠操作准确 | | | |
| | 3.5 移取溶液，1分 | 操作熟练，不重复操作 | | | |
| | 3.6 进行平摇操作，1分 | 用蒸馏水稀释至容量瓶2/3至3/4体积时平摇 | | | |
| | 3.7 加蒸馏水至近标线约1cm处等待2min，1分 | | | | |
| | 3.8 逐滴加入蒸馏水稀释至刻度，2分 | 定容准确 | | | |
| | 3.9 摇匀，1分 | 摇匀操作正确 | | | |
| 4. 比色皿的使用<br>(10分) | 4.1 手持毛面拿比色皿，2分 | 拇指与食指均匀用力捏住吸收池毛面 | | | |
| | 4.2 用纯水清洗3次比色皿，2分 | 清洗操作规范，比色皿内部不挂水珠 | | | |
| | 4.3 用待测液润洗比色皿3次，2分 | 用待装液润洗3次 | | | |
| | 4.4 比色皿装溶液的量合适，2分 | 装溶液高度2/3~4/5 | | | |
| | 4.5 吸收池光面拂拭方法正确，2分 | 先用滤纸吸干，再用擦镜纸沿一个方向擦拭 | | | |

| 考核内容与评分 | 考核指标与具体评分 | | 各考核指标能力标准 | 考评记录 | | |
|---|---|---|---|---|---|---|
| | | | | 个人 | 小组 | 教师 |
| 5. 定量测定（50分） | 5.1 用待测液润洗比色皿3次，2分 | | 润洗操作熟练 | | | |
| | 5.2 测量顺序正确，2分 | | 从稀溶液到浓溶液 | | | |
| | 5.3 比色皿放置，2分 | | 按照光路方向放置 | | | |
| | 5.4 测量过程中重校"0"、"100"，2分 | | 注意过程"0"点和"100" | | | |
| | 5.5 正确记录校正数值，2分 | | | | | |
| | 5.6 正确绘制工作曲线，5分 | | 描点及作图正确 | | | |
| | 5.7 标准曲线经过坐标原点，2分 | | 标准曲线经过坐标原点 | | | |
| | 5.8 工作曲线相关系数（20分） | ≥0.99999，20分 | | | | |
| | | ≥0.99995，16分 | | | | |
| | | ≥0.9999，12分 | | | | |
| | | ≥0.9995，8分 | | | | |
| | | ≥0.999，4分 | | | | |
| | | ≥0.995，2分 | | | | |
| | | ＜0.995，0分 | | | | |
| | 5.9 图上标注项目齐全，3分 | | | | | |
| | 5.10 标准曲线斜率接近于1（5分） | 为1±0.3，0分 | | | | |
| | | 为1±0.5，5分 | | | | |
| | 5.11 工作曲线使用方法正确，3分 | | 是否引水平和垂直虚线标出样品点的吸光度和浓度 | | | |
| | 5.12 计算结果正确（有效数字、单位），2分 | | 计算过程、结果的有效数字或单位正确 | | | |

续表

| 考核内容与评分 | 考核指标与具体评分 | 各考核指标能力标准 | 考评记录 | | |
|---|---|---|---|---|---|
| | | | 个人 | 小组 | 教师 |
| 6. 数据记录（5分） | 6.1 项目齐全、不空项，2分 | | | | |
| | 6.2 数据填在原始记录上，2分（征得评委同意，每改一次扣0.5分） | | | | |
| | 6.3 更改数据（擅自更改数据，属作弊行为），1分 | | | | |
| 7. 文明操作（5分） | 7.1 清洗玻璃仪器、放回原处，清理实验台面，2分 | 符合5S工作规范和要求 | | | |
| | 7.2 洗涤比色皿并空干，1分 | | | | |
| | 7.3 关闭电源、罩上防尘罩，2分 | | | | |
| 8. 考核时间 | 每超5min扣2分，以此类推，扣完分数为止 | 40min | | | |
| 扣分 | | | | | |
| 总分 | | | | | |

注：每小项可以只写扣分，最后合计总分

# 课题三　络合滴定法测铁

💡 学习目标

　✓　了解络合滴定法测定铁的原理;

　✓　学习样品预处理方法,能根据样品的性质选择合适的样品处理方法;

　✓　能正确消除干扰物的影响;

　✓　正确操作络合滴定法测样品铁含量的步骤,并对测定数据进行处理,要求测定结果相对误差小于 2%。

💡 关 键 词

络合滴定法　样品预处理　干扰消除　结果处理

## 一、方法概述

1. 原理

样品经酸分解,使其中铁全部溶解,并将亚铁氧化成高铁,用氨水调节至 pH=2 左右,用磺基水杨酸作指示剂,用 EDTA 络合滴定法测定样品中的铁含量。

2. 干扰及消除

在测定条件下,铜、铝离子含量较高(大于 5.0mg)时,产生正干扰。其他多数离子对本方法没有影响。

3. 方法适用范围

本方法适用于炼铁、矿山、电镀、酸洗废水、无机物等含量较高铁的测定。测定铁的适宜含量为 5~20 mg/L。

## 二、仪器和试剂

1. 仪器

25mL 或 50mL 酸式滴定管。

2. 试剂

(1) 硝酸。

(2) 硫酸。

(3) 盐酸。

(4) 1+1 氨水。

(5) 精密 pH 试纸。

(6) 5% (m/V) 磺基水杨酸溶液。

(7) 30% (m/V) 六亚甲基四胺溶液。

(8) 铁标准溶液:称取 4.822g 硫酸高铁铵 [$FeNH_4(SO_4)_2 \cdot 12H_2O$] 溶于水中,加 1.0mL 硫酸,移入 1000mL 容量瓶中,加水至标线,混匀。此溶液的浓度为 0.010mol/L。

(9) 0.01mol/L EDTA 标准滴定溶液：称取 3.723g 二水乙二胺四乙酸二钠盐溶于水中，稀释至 1000mL，贮于聚乙烯瓶中，按下标定。

标定：吸取 20.00mL 铁标准溶液置于锥形瓶中，加水至 100mL，用精密 pH 试纸指示，滴加 1+1 氨水调至 pH=2 左右，在电热板上加热试液至 60℃左右，加 5% （m/V）磺基水杨酸溶液 2mL，用 EDTA 标准滴定溶液滴定至深紫红色变浅，放慢滴定速度，至紫红色消失而呈淡黄色为终点，记下消耗 EDTA 标准滴定溶液的毫升数（$V_0$），计算 EDTA 标准滴定溶液的准确浓度。

$$c = 0.010\text{mol/L} \times \frac{20.00}{V_0}$$

## 三、测定步骤

### 1. 水样预处理

（1）如水样清澈，且不含有机物或络合剂，则可取适量水样（含铁量约为 5~20mg）于锥形瓶中，加水至约 100mL，加硝酸 5mL，加热煮沸至剩余溶液约为 70mL，使亚铁离子全部氧化为 $Fe^{3+}$。冷却加水至 100mL。

（2）如水样浑浊或有沉淀，或含有机物，则分取适量混匀水样置于锥形瓶中，加硫酸 3mL，硝酸 5mL，徐徐加热消解至冒三氧化硫白烟。试样应呈透明状，否则再加适量硝酸继续加热消解得透明溶液为止。冷却，加水至 100mL。

### 2. 调节 pH 值

往上述处理过的水样中滴加 1+1 氨水，调节至 pH=2 左右（用精密 pH 试纸检验）。

### 3. 滴定

将调节好 pH 的试液，加热至 60℃，加 5% （m/V）磺基水杨酸溶液 2mL，摇匀。用 EDTA 标准滴定溶液滴定至深紫红色变浅，放慢滴定速度，至紫红色消失而呈淡黄色为终点，记下消耗 EDTA 标准滴定溶液的毫升数（$V_1$）。

## 四、计算

$$铁（Fe，mg/L） = c\frac{V_1}{V_2} \times 55.847 \times 1000$$

式中　$V_1$——滴定所消耗 EDTA 标准滴定溶液体积，mL；

　　　$V_2$——水样体积，mL；

　　　$c$——EDTA 标准滴定溶液的摩尔浓度，mol/L；

　55.847——Fe 的摩尔质量，g/mol。

## 五、注意事项

（1）含悬浮颗粒物或有机物多的样品，应适当增加酸量进行消解。消解过程中要防止暴沸和蒸干，否则会使结果偏低。

（2）水样中若含铜、镍干扰离子，应在预处理溶液中，滴加 1+1 氨水至刚产生浑浊。

再滴加 1+1 盐酸至溶液澄清。加 2g 氯化铵，滴加 30% （m/V）六亚甲基四胺溶液至出现浑浊，再过量 8mL。在水浴上加热至 80℃并保持 15min 使 Fe(OH)$_3$ 沉淀絮凝，放冷，用中速滤纸过滤。

用 1+1 盐酸 10mL 将滤纸上沉淀溶解返回烧杯中，用热水洗滤纸，洗液并入烧杯中，必要时再用少量 1+1 盐酸洗涤滤纸以使铁完全溶解。

冷却后溶液定容至 200mL，分取适量，调节 pH 后，再进行滴定操作。

（3）用 EDTA 标准滴定溶液滴定铁离子的适宜 pH 为 1.5~2.0，即可排除重金属离子的干扰，又适宜于磺基水杨酸指示终点。pH 值过低使滴定终点不敏锐，pH 过高将产生氢氧化铁沉淀而影响滴定。

由于铁离子与 EDTA 络合作用较慢，因此滴定时试液应保持 60℃左右。在接近终点时应缓慢滴定，并剧烈振摇，使其加速反应，否则将导致测定结果偏高。

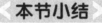

# 任务一　水泥样品中铁含量测定

## 一、仪器、试剂

## 二、实验步骤

## 三、实验数据记录

## 四、数据处理

## 五、任务小结

# 考核评价表三　水泥样品中铁含量测定

班级：_____　姓名：_____　学号：_____　开始时间：_____　结束时间：_____

| 考核内容与评分 | 考核指标与具体评分 | 各考核指标能力标准 | 考评记录 | | |
|---|---|---|---|---|---|
| | | | 个人 | 小组 | 教师 |
| 1. 检测员基本素质（10分） | 1.1　是准时到达工作岗位，2分 | 符合岗位工作规范和要求 | | | |
| | 1.2　穿戴符合工作要求，2分 | | | | |
| | 1.3　笔、纸、计算器等准备齐全，2分 | | | | |
| | 1.4　没有大声喧哗、随意串岗、脱岗，4分 | | | | |
| 2. 天平称量（10分） | 2.1　天平水平检查、称盘清扫，2分 | | | | |
| | 2.2　轻取放样品，开关天平门，2分 | 取放样品动作轻 | | | |
| | 2.3　使用减量法称量，2分 | 称量操作 | | | |
| | 2.4　称量范围在规定量±5%～10%内，2分 | | | | |
| | 2.5　称量样品结束，天平复位，清扫，2分 | 结束后天平应在待机状态 | | | |
| 3. 试液配制（10分） | 3.1　容量瓶、烧杯、移液管洗涤符合要求，2分 | | | | |
| | 3.2　加入 NaOH 熔融试样操作，1分 | 符合强酸、强碱安全操作规范 | | | |
| | 3.3　加入浓 HCl、浓 $HNO_3$ 量正确，1分 | | | | |
| | 3.4　加热煮沸溶液，冷却至室温，1分 | | | | |
| | 3.5　试样溶解完全，转移时液滴不外溅，2分 | | | | |
| | 3.6　容量瓶平摇操作，1分 | | | | |
| | 3.7　加水至刻度线约 1cm 处未等待 1～2min，定容体积准确，1分 | 容量瓶操作规范、熟练 | | | |
| | 3.8　充分摇匀、持瓶方式正确，1分 | | | | |

续表

| 考核内容与评分 | 考核指标与具体评分 | 各考核指标能力标准 | 考评记录 | | |
|---|---|---|---|---|---|
| | | | 个人 | 小组 | 教师 |
| 4. 滴定前准备（10分） | 4.1　用待装溶液润洗移液管3次，1分 | 操作规范，达到国家或行业的检测标准 | | | |
| | 4.2　正确吸取溶液，用吸水纸擦拭管尖，不吸空，正确调节液面，2分 | | | | |
| | 4.3　移液管放液姿势正确，放液后管尖停留10～15秒，1分 | | | | |
| | 4.4　挑选合适的滴定管，1分 | | | | |
| | 4.5　滴定管装自来水静置2min试漏，1分 | 程序、动作规范、熟练 | | | |
| | 4.6　滴定管洗涤符合要求，1分 | | | | |
| | 4.7　滴定管用待装液润洗2～3次，1分 | | | | |
| | 4.8　滴定管装溶液，赶气泡操作规范，1分 | | | | |
| | 4.9　滴定管准确调至调零，1分 | | | | |
| 5. 滴定操作（15分） | 5.1　加纯水至待测液体积100mL，1分 | 各种试剂加入合理、加入条件符合要求 | | | |
| | 5.2　调节溶液pH＝1.8～2.0，2分 | | | | |
| | 5.3　温度60～70℃，1分 | | | | |
| | 5.4　指示剂量合适，加入操作正确，1分 | 熟练操作和读数、终点颜色判断正确 | | | |
| | 5.5　滴定管插入烧杯口约1～2cm，摇瓶操作正确，1分 | | | | |
| | 5.6　滴定姿势正确，1分 | | | | |
| | 5.7　滴定速度控制适当，2分 | | | | |
| | 5.8　半滴溶液的加入操作规范，2分 | | | | |
| | 5.9　终点判断准确，2分 | | | | |
| | 5.10　读数操作正确，1分 | | | | |
| | 5.11　读数记录正确，1分 | | | | |

续表

| 考核内容与评分 | 考核指标与具体评分 | 各考核指标能力标准 | 考评记录 | | |
|---|---|---|---|---|---|
| | | | 个人 | 小组 | 教师 |
| 6. 分析结果准确度（15分） | 6.1　绝对误差≤±0.20，15分 | | | | |
| | 6.2　绝对误差±0.21%～±0.25%，8分 | | | | |
| | 6.3　绝对误差＞±0.25%，0分 | | | | |
| 7. 分析结果平行性（15分） | 7.1　极差与平均值之比小于0.5%，15分 | 极差与平均值之比0.5，误差小于0.5% | | | |
| | 7.2　极差与平均值之比0.5%～1%，8分 | | | | |
| | 7.3　极差与平均值之比大于1%，0分 | | | | |
| 8. 文明操作（15分） | 8.1　结束后，台面、试剂、仪器摆放整齐，2分 | 符合5S工作规范和要求 | | | |
| | 8.2　废物按指定的方法处理，2分 | | | | |
| | 8.3　操作熟练，4分 | 熟练操作 | | | |
| | 8.4　数据真实，行为诚实，3分 | 具有诚实守信、自律严谨的品格 | | | |
| | 8.5　器皿、仪器完好无缺，4分 | 严谨工作态度 | | | |
| 9. 考核时间 | 每超5min扣2分，以此类推，扣完分数为止 | 50min | | | |
| 扣分 | | | | | |
| 总分 | | | | | |

注：每小项可以只写扣分，最后合计总分

# 课题四  氧化还原滴定法测定亚铁

💡 **学习目标**

√ 了解氧化还原滴定法测定亚铁的原理；

√ 根据样品的性质选择合适的样品处理方法；

√ 正确操作氧化滴定法测样品亚铁含量的步骤，并对测定数据进行处理，要求测定结果相对误差小于2%。

💡 **关 键 词**

氧化还原滴定法　样品预处理　结果处理

## 一、方法原理

用 HCl 溶液分解铁矿石后，在热 HCl 溶液中，以甲基橙为指示剂，用 $SnCl_2$ 将 $Fe^{3+}$ 还原至 $Fe^{2+}$，并过量 1～2 滴。经典方法是用 $HgCl_2$ 氧化过量的 $SnCl_2$，除去 $Sn^{2+}$ 的干扰，但 $HgCl_2$ 造成环境污染，本实验采用无汞定铁法。还原反应为

$$2FeCl_4^- + SnCl_4^{2-} + 2Cl^- === 2FeCl_4^{2-} + SnCl_6^{2-}$$

使用甲基橙指示 $SnCl_2$ 还原 $Fe^{3+}$ 的原理是：$Sn^{2+}$ 将 $Fe^{3+}$ 还原完后，过量的 $Sn^{2+}$ 可将甲基橙还原为氢化甲基橙而褪色，不仅指示了还原的终点，$Sn^{2+}$ 还能继续使氢化甲基橙还原成 $N,N$-二甲基对苯二胺和对氨基苯磺酸，过量的 $Sn^{2+}$ 则可以消除。反应的还原产物不消耗 $K_2Cr_2O_7$。

HCl 溶液浓度应控制在 4mol/L，若大于 6mol/L，$Sn^{2+}$ 会先将甲基橙还原为无色，无法指示 $Fe^{3+}$ 的还原反应。HCl 溶液浓度低于 2mol/L，则甲基橙褪色缓慢。

重铬酸钾法测定全铁含量的滴定反应为

$$6Fe^{2+} + Cr_2O_7^{2-} + 14H^+ === 6Fe^{3+} + 2Cr^{3+} + 7H_2O$$

滴定突跃范围为 0.93～1.34V，使用二苯胺磺酸钠为指示剂时，由于它的条件电位为 0.85 V，因而需加入 $H_3PO_4$ 使滴定生成的 $Fe^{3+}$ 生成 $Fe(HPO_4)^{2-}$ 而降低 $Fe^{3+}/Fe^{2+}$ 电对的电位，使突跃范围变成 0.71～1.34 V，指示剂可以在此范围内变色，同时也消除了 $FeCl_4^-$ 黄色对终点观察的干扰，Sb（V），Sb（Ⅲ）干扰本实验，不应存在。

## 二、仪器与试剂

(1) 试剂：$SnCl_2$（100g/L，50g/L），$H_2SO_4$-$H_3PO_4$ 混酸，甲基橙（1g/L），二苯胺磺酸钠（2g/L），$K_2Cr_2O_7$ 标准溶液 $c_{1/6K_2Cr_2O_7}$ = 0.1000mol/L。

(2) 仪器：分析天平，250 mL 烧杯，250mL 容量瓶，锥形瓶。

## 三、实验步骤

(1) 准确称取铁矿石粉 1.0～1.5 g 于 250 mL 烧杯中，用少量水润湿，加入 20mL 浓 HCl 溶液，盖上表面皿，在通风柜中低温加热分解试样，若有带色不溶残渣，可滴加 20～30 滴 100g/L SnCl₂ 助溶。试样完全分解后时，残渣应接近白色（SiO₂），用少量水吹洗表面皿及烧杯壁，冷却后转移至 250mL 容量瓶中，稀释至刻度并摇匀。

(2) 移取试样溶液 25.00mL 于锥形瓶中，加 8mL 浓 HCl 溶液，加热近沸，加入 6 滴甲基橙，趁热边摇动锥形瓶边逐滴加入 100g/L SnCl₂ 还原 $Fe^{3+}$。溶液由橙变红，再慢慢滴加 50g/L SnCl₂ 至溶液变为淡粉色，再摇几下直至粉色褪去。立即用水冷却，加 50mL 蒸馏水，20mL 硫酸-磷酸混酸，4 滴二苯胺磺酸钠，立即用 $K_2Cr_2O_7$ 标准溶液滴定到稳定的紫红色为终点，平行滴定 3 次，计算矿石中铁的含量（质量分数）。

## 四、计算

$$w(\text{Fe}_2\text{O}_3) = \frac{(CV)\left(\frac{1}{6}\text{K}_2\text{Cr}_2\text{O}_7\right) \times \frac{M(\text{Fe}_2\text{O}_3)}{1000}}{m_{样} \times \frac{25.00}{250}} \times 100\%$$

| 　　　　　　　　　　次数<br>内容 | | 1 | 2 | 3 |
|---|---|---|---|---|
| 称量瓶＋铁矿石试样的质量（第一次读数） | | | | |
| 称量瓶＋铁矿石试样的质量（第二次读数） | | | | |
| 铁矿石试样的质量 $m$/g | | | | |
| 实验测定 | 滴定消耗 $K_2Cr_2O_7$ 标准溶液的用量/mL | | | |
| | 滴定管校正值/mL | | | |
| | 溶液温度补正值/（mL/L） | | | |
| | 实际消耗 $K_2Cr_2O_7$ 溶液的体积 $V_1$/mL | | | |
| 空白试验 | 滴定消耗 $K_2Cr_2O_7$ 溶液的体积/mL | | | |
| | 滴定管校正值/mL | | | |
| | 溶液温度补正值/（mL/L） | | | |
| | 实际消耗 $K_2Cr_2O_7$ 溶液的体积 $V_0$/mL | | | |
| $w$(Fe) /% | | | | |
| $w$(Fe) 平均值/% | | | | |
| 平行测定结果的极差/% | | | | |
| 极差与平均值之比/% | | | | |

# 任务一　矿石样品中铁含量测定

## 一、仪器、试剂

## 二、实验步骤

## 三、实验数据记录

## 四、数据处理

◀ 本节小结 ▶

# 考核评价表四　矿石样品中铁含量测定

班级：_____　姓名：_____　学号：_____　开始时间：_____　结束时间：_____

| 考核内容与评分 | 考核指标与具体评分 | 各考核指标能力标准 | 考评记录 | | |
|---|---|---|---|---|---|
| | | | 个人 | 小组 | 教师 |
| 1. 检测员基本素质（10分） | 1.1　是准时到达工作岗位，2分 | 符合岗位工作规范和要求 | | | |
| | 1.2　穿戴符合工作要求，2分 | | | | |
| | 1.3　笔、纸、计算器等准备齐全，2分 | | | | |
| | 1.4　没有大声喧哗、随意串岗、脱岗，4分 | | | | |
| 2. 样品称量（5分） | 2.1　天平水平检查、称盘清扫，1分 | 取放样品动作轻 | | | |
| | 2.2　轻取放样品，开关天平门，1分 | | | | |
| | 2.3　使用减量法称量，1分 | 称量操作 | | | |
| | 2.4　称样量范围在规定量±5%～10%内，1分 | | | | |
| | 2.5　称量结束样品，天平复位，清扫，1分 | 结束后天平应在待机状态 | | | |
| 3. 试液配制（8分） | 3.1　玻璃仪器洗涤符合要求，2分 | | | | |
| | 3.2　加入20mL浓HCl溶液，2分 | 符合强酸、强碱安全操作规范 | | | |
| | 3.3　盖上表面皿，中低温加热分解试样，2分 | 分解试样温度要低 | | | |
| | 3.4　试样完全分解后，冷却至室温转移至250mL容量瓶中，稀释至刻度并摇匀，4分 | 样品颜色接近白色，用少量水吹洗表面皿及烧杯壁 | | | |

续表

| 考核内容与评分 | 考核指标与具体评分 | 各考核指标能力标准 | 考评记录 | | |
|---|---|---|---|---|---|
| | | | 个人 | 小组 | 教师 |
| 4. 滴定管准备 (7分) | 4.1 装自来水静置2min试漏，1分 | 动作规范、熟练 | | | |
| | 4.2 洗涤符合要求，2分 | | | | |
| | 4.3 用待装液润洗2~3次，1分 | | | | |
| | 4.4 装溶液，赶气泡操作规范，2分 | | | | |
| | 4.5 准确调至调零，1分 | | | | |
| 5. 移液管使用 (10分) | 5.1 移液管选用正确，洗涤符合要求，2分 | 选取25.00mL移液管，操作规范 | | | |
| | 5.2 用待装溶液润洗3次，2分 | | | | |
| | 5.3 正确吸取溶液，用吸水纸擦拭管尖，不吸空，正确调节液面，3分 | | | | |
| | 5.4 放液姿势正确，放液后管尖停留10~15秒，3分 | | | | |
| 6. 滴定操作(30分) | 6.1 在待测溶液中加8mL浓HCl溶液，加热近沸，3分 | | | | |
| | 6.2 加入6滴甲基橙，2分 | | | | |
| | 6.3 趁热加入100g/L SnCl₂，至溶液变为红色，慢慢滴加50g/L SnCl₂至溶液变为淡粉色，摇至粉色褪去，5分 | 加SnCl₂要边摇动，边逐滴加入 | | | |
| | 6.4 快速用水冷却，加50mL蒸馏水，20mL硫磷混酸，4滴二苯胺磺酸钠，迅速开始滴定，4分 | | | | |
| | 6.5 滴定管插入锥形瓶口约1~2cm，摇瓶操作正确，3分 | | | | |
| | 6.6 滴定姿势正确，2分 | | | | |
| | 6.7 滴定速度控制适当，2分 | | | | |
| | 6.8 半滴溶液的加入操作规范，2分 | | | | |
| | 6.9 终点判断准确，3分 | 出现稳定的紫红色为终点 | | | |
| | 6.10 读数操作正确，2分 | | | | |
| | 6.11 读数记录正确，2分 | | | | |

| 考核内容与评分 | 考核指标与具体评分 | 各考核指标能力标准 | 考评记录 | | |
|---|---|---|---|---|---|
| | | | 个人 | 小组 | 教师 |
| 7. 分析结果(15分) | 7.1 全铁含量 2%~5%，允差小于0.05%；全铁含量 5%~10%，允差小于0.10%；全铁含量 10%~25%，允差小于0.15%，15分 | | | | |
| | 7.2 全铁含量 2%~5%，允差小于0.10%；全铁含量 5%~10%，允差小于0.15%；全铁含量 10%~25%，允差小于0.25%，8分 | | | | |
| | 7.3 全铁含量 2%~5%，允差大于0.10%；全铁含量 5%~10%，允差大于0.15%；全铁含量 10%~25%，允差大于0.25%，0分 | | | | |
| 8. 文明操作(15分) | 8.1 结束后，台面、试剂、仪器摆放整齐，2分 | 符合 5S 工作规范和要求 | | | |
| | 8.2 废物按指定的方法处理，2分 | | | | |
| | 8.3 操作熟练，4分 | 熟练操作 | | | |
| | 8.4 数据真实，行为诚实，3分 | 具有诚实守信、自律严谨的品格 | | | |
| | 8.5 器皿、仪器完好无缺，4分 | 严谨工作态度 | | | |
| 9. 考核时间 | 每超 5min 扣 2分，以此类推，扣完分数为止 | 50min | | | |
| 扣分 | | | | | |
| 总分 | | | | | |

注：每小项可以只写扣分，最后合计总分

# 课题五　电位滴定法测亚铁含量

　　√　能用电位滴定法测定水溶液中离子含量；
　　√　能正确确定电位滴定法的滴定终点。

电位滴定法　数据处理

## 一、方法概述

　　电位滴定法测量的是电池电动势的变化情况，它是根据电动势变化情况确定滴定终点，其定量参数是滴定剂的体积。电位滴定法与化学分析法的区别是终点指示方法不同。

## 二、仪器

　　(1) 指示电极：铂电极。
　　(2) 参比电极：双液接甘汞电极。
　　(3) 滴定管。
　　(4) 酸度计（ZD-3A/YHDD-2B/PHS-2C）。
　　(5) 电磁搅拌器。
　　(6) 搅拌子。

## 三、试剂

　　(1) $w$（$HNO_3$）＝10％硝酸溶液（$w$ 为质量分数）。
　　(2) (1＋1) 硫酸-磷酸混合酸。
　　(3) 邻苯氨基苯甲酸。
　　(4) $K_2Cr_2O_7$ 标准溶液。

## 四、实验步骤

　　1. 电位滴定装置的安装
　　(1) 铂电极：将铂电极浸入热的 $w$（$HNO_3$）＝10％硝酸溶液中数分钟，取出，用水冲洗干净，蒸馏水冲洗，置电极架上。
　　(2) 饱和甘汞电极的准备：检查饱和甘汞电极内液位、晶体、气泡及微孔砂芯渗漏情况并作适当处理后，用蒸馏水清洗外壁，吸干外壁水珠，套上充满饱和氯化钾溶液的盐桥套管，用橡胶圈扣紧，置电极架上。
　　(3) 在滴定管中加入重铬酸钾标准滴定溶液，调节液面至 0.00mL。

2.预热

打开酸度计电源开关，预热 20min。

3.试液中 $Fe^{2+}$ 含量的测定

（1）移取 20.00mL 试液于 250mL 的高型烧杯中，加入硫酸-磷酸混合酸（1＋1）10mL，稀释至 50mL 左右。加一滴邻苯氨基苯甲酸指示液，放入洗净的搅拌子，将烧杯放在搅拌器上，插入电极。

（2）开启搅拌器，将酸度计的选择开关置于"mV"位置，记录溶液的起始电位。

（3）滴加 $K_2Cr_2O_7$ 溶液，待电位稳定后读取电位值及滴定剂加入体积。

（4）滴定开始时每加入 5mL 标准滴定溶液记录一次电位值，然后减少加入量为 1.0mL，0.5mL 后记录。在化学计量点附近每加 0.1mL 记录一次，过化学计量点后再每加 0.5mL或 1.0mL 记录一次，直至电位变化不大为止。观察溶液颜色变化时对应的滴定体积。

# 五、数据处理

## （一）$E$-$V$ 曲线

从右图中的曲线我们可以看出此曲线有何规律？

此曲线与化学滴定曲线十分相似，都有一个突跃。在滴定开始阶段随滴定剂加入电位变化不明显，当到达一定体积时电位值产生了巨大的变化，随后 $E$ 的变化又趋于缓慢。

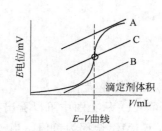

$E$-$V$曲线

是否可以采用类似化学滴定的方法用此突跃确定滴定终点？

可以，作两条与横坐标成 45°的 $E$-$V$ 曲线的平行切线，并在两条平行切线间做一与两条切线等距离的平行线，该线与 $E$-$V$ 曲线的交点对应的滴定体积即为滴定终点体积。

## （二）一阶微商法

（1）一次微商的计算

$$\frac{\Delta E}{\Delta V} = \frac{E_2 - E_1}{V_2 - V_1}$$

$$V = \frac{V_1 + V_2}{2}$$

（2）将 $V$ 对 $\Delta E / \Delta V$ 作图，可得到一呈峰状曲线，曲线最高点由实验点连线外推得到，其对应的体积为滴定终点时标准滴定溶液所消耗的体积 $V_{ep}$。

（3）此法确定终点较准确，但是手续繁琐。

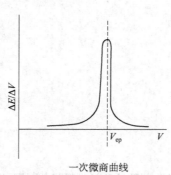

一次微商曲线

### (三) 二阶微商法

#### 1. 作图法

以 $\Delta^2 E/\Delta V^2$ 对 $V$ 绘制曲线，此曲线最高点与最低点连线与横坐标的交点即为滴定终点体积。

$$\frac{\Delta^2 E}{\Delta V^2} = \frac{\left(\dfrac{\Delta E}{\Delta V}\right)_2 - \left(\dfrac{\Delta E}{\Delta V}\right)_1}{V_2 - V_1}$$

$$V = \frac{V_1 + V_2}{2}$$

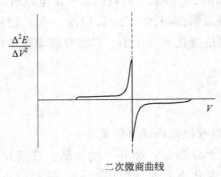

二次微商曲线

#### 2. 计算法

(1) 从上图中可以看出在 $\Delta^2 E/\Delta V^2$ 有一个明显的特点，上一部分数据为正值而下面的 $\Delta^2 E/\Delta V^2$ 全部为负值。当 $\Delta^2 E/\Delta V^2$ 为零时即为滴定终点。

(2) 采用下面的方法计算滴定终点。当滴定体积 $V_1$ 对应 $(\Delta^2 E/\Delta V^2)_1$ 由正变为负值 $(\Delta^2 E/\Delta V^2)_2$ 时此时滴定体积 $V_2$。则滴定终点 $V_{ep}$ 按下式计算。

$$\frac{V_2 - V_1}{\left(\dfrac{\Delta^2 E}{\Delta V^2}\right)_2 - \left(\dfrac{\Delta^2 E}{\Delta V^2}\right)_1} = \frac{V_{ep} - V_1}{0 - \left(\dfrac{\Delta^2 E}{\Delta V^2}\right)_1}$$

## 本节小结

# 任务一 工业废水中铁含量测定

一、仪器、试剂

二、实验步骤

三、实验数据记录

四、数据处理

五、任务小结

# 考核评价表五  工业废水中铁含量测定

班级：_____  姓名：_____  学号：_____  开始时间：_____  结束时间：_____

| 考核内容与评分 | 考核指标与具体评分 | 各考核指标能力标准 | 考评记录 | | |
|---|---|---|---|---|---|
| | | | 个人 | 小组 | 教师 |
| 1. 检测员的基本素质（10分） | 1.1  准时到达工作岗位，2分 | 符合岗位工作规范和要求 | | | |
| | 1.2  穿戴符合工作要求，2分 | | | | |
| | 1.3  笔、纸、计算器等准备齐全，2分 | | | | |
| | 1.4  没有大声喧哗、随意串岗、脱岗，4分 | | | | |
| 2. 准备工作（15分） | 2.1  正确选择玻璃仪器，2分 | 根据测定方法，选取合适仪器 | | | |
| | 2.2  玻璃仪器的洗涤正确，2分 | 干净，不挂水珠 | | | |
| | 2.3  电极选择、安装，电极清洗，2分 | 注意电极 | | | |
| | 2.4  检查仪器外观、电源连接安全，开机预热12~20min，2分 | 开机预热时间足够 | | | |
| | 2.5  标准溶液吸放正确，2分 | 操作规范 | | | |
| | 2.6  移取适量试液于250mL的高型烧杯中，加入（1+1）硫酸-磷酸混合酸10mL，稀释至50mL左右，3分 | 移取试液的量应根据试液的浓度而定 | | | |
| | 2.7  加一滴邻苯氨基苯甲酸指示液，放入洗净的搅拌子，将烧杯放在搅拌器上，插入电极，2分 | | | | |

| 考核内容与评分 | 考核指标与具体评分 | 各考核指标能力标准 | 考评记录 | | |
|---|---|---|---|---|---|
| | | | 个人 | 小组 | 教师 |
| 3. 预滴定（20分） | 3.1 开启搅拌器，将酸度计的选择开关置于"mV"位置，记录溶液的起始电位，3分 | 测量操作正确 | | | |
| | 3.2 滴加 $K_2Cr_2O_7$ 溶液，待电位稳定后读取电位值及滴定剂加入体积，3分 | 读数、记录准确 | | | |
| | 3.3 按键（开关）操作正确，4分 | | | | |
| | 3.4 每次滴定溶液体积及速度合适，5分 | | | | |
| | 3.5 能找出突跃范围，5分 | 突跃范围明显 | | | |
| 4. 样品测定（20分） | 4.1 每次滴定溶液体积及速度合适，3分 | | | | |
| | 4.2 按键（开关）操作正确，4分 | | | | |
| | 4.3 读数、记录准确，3分 | | | | |
| | 4.4 临近滴定终点时滴加体积合适，5分 | | | | |
| | 4.5 能找出突跃范围，5分 | | | | |
| 5. 数据处理（20分） | 5.1 能正确作出 $E$-$V$ 曲线，找到滴定终点，计算结果，4分 | | | | |
| | 5.2 $E$-$V$ 曲线图上标注项目齐全，3分 | | | | |
| | 5.3 能用一次微商的方法进行数据处理，计算结果正确（有效数字，单位），4分 | 计算过程、结果的有效数字或单位正确 | | | |
| | 5.4 能使用二阶微商法进行数据处理，计算结果正确（有效数字，单位），4分 | | | | |
| | 5.5 $E$-$V$ 曲线、一次微商、二阶微商法处理数据结果极差除于平均值小于5%，5分 | | | | |

| 考核内容与评分 | 考核指标与具体评分 | 各考核指标能力标准 | 考评记录 | | |
|---|---|---|---|---|---|
| | | | 个人 | 小组 | 教师 |
| 6. 数据记录（9分） | 6.1　项目齐全、不空项，3分 | | | | |
| | 6.2　数据填在原始记录上，3分（征得评委同意，每改一次扣0.5分） | | | | |
| | 6.3　更改数据（擅自更改数据，属作弊行为），3分 | | | | |
| 7. 文明操作（6分） | 7.1　清洗玻璃仪器、放回原处，清理实验台面，2分 | 符合5S工作规范和要求 | | | |
| | 7.2　洗涤比色皿并空干，2分 | | | | |
| | 7.3　关闭电源、罩上防尘罩，2分 | | | | |
| 8. 考核时间 | 每超5min扣2分，以此类推，扣完分数为止 | 40min | | | |
| 扣分 | | | | | |
| 总分 | | | | | |

注：每小项可以只写扣分，最后合计总分

# 课题六　火焰原子吸收分光光度法

## 学习目标

　　√　了解原子吸收分光光度法测定铁的原理；

　　√　根据样品的性质选择合适的样品处理方法；

　　√　正确操作原子吸收分光光度计，进行实验测定，并对测定数据进行处理，要求测定结果相对误差小于 2%。

## 关键词

原子吸收分光光度法　样品预处理　仪器操作　结果处理

## 一、概述

　　在空气-乙炔火焰中，铁的化合物易于原子化，可于波长 248.3nm 处测量铁基态原子对铁空心阴极灯特征辐射的吸收进行定量。

　　1.干扰及消除

　　影响铁原子吸收法准确度的主要干扰是化学干扰。当硅的浓度大于 20 mg/L 时，对铁的测定产生负干扰；这些干扰的程度随着硅浓度的增加而增加。如试样中存在 200 mg/L 氯化钙时，上述干扰可以消除。一般来说，铁的火焰原子吸收法的基体干扰不太严重，由分子吸收或光散射造成的背景吸收也可忽略。但对于含盐量高的工业废水，则应注意基体干扰和背景校正。此外，铁的光谱线较复杂，例如，在铁线 248.3 nm 附近还有 248.8 nm 线；为克服光谱干扰，应选择最小的狭缝或光谱带。

　　2.方法的适用范围

　　本法的铁检出浓度是 0.03 mg/L，测定上限为 5.0 mg/L。本法适用于地表水、地下水及化工、冶金、轻工、机械等工业废水及复杂样品中低含量铁的测定。

## 二、仪器

　　(1) 原子吸收分光光度计及稳压电源。

　　(2) 铁空心阴极灯。

　　(3) 乙炔钢瓶或乙炔发生器。

　　(4) 空气压缩机，应备有除水、除尘装置。

　　(5) 仪器工作条件：不同型号仪器的最佳测试条件不同，可由各实验室自己选择，按下表参考。

原子吸收测定铁的条件

| 光 源 | Fe |
|---|---|
| | 空心阴极灯 |
| 灯电流/mA | 12.5 |
| 测定波长/nm | 248.3 |
| 光谱通带/nm | 0.2 |
| 观测高度/mm | 7.5 |
| 火焰种类 | 空气-乙炔　氧化型 |

## 三、试剂

(1) 铁标准贮备液：准确称取光谱纯金属铁 1.000g，溶入 60mL 1+1 的硝酸中，加少量硝酸氧化后，用去离子水准确稀释至 1000mL，此溶液含铁为 1.00 mg/mL。

(2) 锰标准贮备液：准确称取 1.000g 光谱纯金属锰（称量前用稀硫酸洗去表面氧化物，再用离子水洗去酸，烘干。在干燥器中冷却后尽快称取），溶解于 10mL 1+1 硝酸。当锰完全溶解后，用 1% 硝酸稀释至 1000mL，此溶液每毫升含锰 1.00 mg。

(3) 铁锰混合标准使用液：分别准确移取铁和锰贮备液 50.00 mL 和 25.00mL，置 1000mL 容量瓶中，用 1% 盐酸稀释至标线，摇匀。此液每毫升含铁 50.0μg，锰 25.0μg。

## 四、步骤

### 1.样品预处理

对于没有杂质堵塞仪器进样管的清澈水样，可直接喷入进行测定。如果总量或含有机质较高的水样时，必须进行消解处理。处理时先将水样摇匀，分别加适量水样置于烧杯中。每 100mL 水样加 5mL 硝酸，置于电热板上在近沸状态下将样品蒸干至近干。冷却后，重复上述操作一次。以 1+1 盐酸 3mL 溶解残渣，用 1% 盐酸淋洗杯壁，用快速定量滤纸滤入 50mL 容量瓶中，以 1% 盐酸稀释至标线。

每分析一批样品，平行测定两个空白样。

### 2.校准曲线绘制

分别取铁锰混合标准液 0mL、1.00mL、2.00mL、3.00mL、4.00mL、5.00mL 于 50 mL 容量瓶中，用 1% 盐酸稀释至刻度，摇匀。用 1% 盐酸调零点后，在选定的条件下测定其相应的吸光度，经空白校正后绘制浓度-吸光度校准曲线。

### 3.试样的测定

在测定标准系列溶液的同时，测定试样及空白样的吸光度。由试样吸光度减去空白样吸光度，从校准曲线上求得试样中铁的含量。

计算

$$铁（Fe，mg/L） = \frac{m}{V}$$

式中　$m$——由校准曲线查得铁量，$\mu$g；

　　　$V$——水样体积，mL。

## 五、注意事项

（1）各种型号的仪器，测定条件不尽相同，因此，应根据仪器使用说明书选择合适条件。

（2）当样品的无机盐含量高时，采用氘灯、塞曼效应扣除背景，无此条件时，也可采用邻近吸收线法扣除背景吸收。在测定浓度允许条件下，也可采用稀释方法以减少背景吸收。

（3）硫酸浓度较高时易产生分子吸收，以采用盐酸或硝酸介质为好。

本节小结

# 任务一　葡萄酒中铁含量的测定

## 一、仪器、试剂

## 二、实验步骤

## 三、实验数据记录

## 四、数据处理

## 五、任务小结

# 考核评价表六　葡萄酒中铁含量的测定

班级：_____　姓名：_____　学号：_____　开始时间：_____　结束时间：_____

| 考核内容与评分 | 考核指标与具体评分 | 各考核指标能力标准 | 考评记录 | | |
|---|---|---|---|---|---|
| | | | 个人 | 小组 | 教师 |
| 1. 检测员基本素质（10分） | 1.1　准时到达工作岗位，2分 | 符合岗位工作规范和要求 | | | |
| | 1.2　穿戴符合工作要求，2分 | | | | |
| | 1.3　笔、纸、计算器等准备齐全，2分 | | | | |
| | 1.4　没有大声喧哗、随意串岗、脱岗，4分 | | | | |
| 2. 溶液配制（10分） | 2.1　吸量管润洗3次，1分 | 润洗操作熟练 | | | |
| | 2.2　吸量管插入溶液前及调节液面前应用滤纸擦拭管尖部，1分 | 注意吸量管管尖不受污染 | | | |
| | 2.3　放液时吸量管垂直，容量瓶倾斜约30°，管尖抵容量瓶内壁，1分 | 放液操作正确 | | | |
| | 2.4　溶液放尽后，吸量管停留15s后移开，1分 | 停靠操作准确 | | | |
| | 2.5　移取溶液，1分 | 操作熟练，不重复移取操作 | | | |
| | 2.6　用蒸馏水稀释至容量瓶2/3～3/4体积时平摇，1分 | | | | |
| | 2.7　加蒸馏水至近标线约1cm处等待2min，1分 | | | | |
| | 2.8　逐滴加入蒸馏水稀释至刻度，2分 | 定容准确 | | | |
| | 2.9　摇匀，1分 | 摇匀操作正确 | | | |

| 考核内容与评分 | 考核指标与具体评分 | 各考核指标能力标准 | 考评记录 | | |
|---|---|---|---|---|---|
| | | | 个人 | 小组 | 教师 |
| 3.开机操作 (15分) | 3.1 检查气路连接正确，2分 | | | | |
| | 3.2 空心阴极灯选择，1分 | | | | |
| | 3.3 空心阴极灯安装，2分 | | | | |
| | 3.4 开启排气系统，仪器电源开关，预热20min，2分 | | | | |
| | 3.5 开启软件，选择正确的空心阴极灯，选择正确狭缝，2分 | | | | |
| | 3.6 调节波长285.2nm，调节增益，使能量达到最大，2分 | | | | |
| | 3.7 设定燃气及助燃气流量，灯电流，2分 | | | | |
| | 3.8 进行光源对光，调节最佳波长，调节燃烧器位置，进行燃烧器对光，2分 | | | | |
| 4.点火操作 (10分) | 4.1 检查燃烧器是否安装好，检查废液排放管水封，1分 | | | | |
| | 4.2 打开空气压缩机，调节输出压力为0.3MPa，调节助燃气钮使空气流量为5.5L/min，2分 | | | | |
| | 4.3 吸入纯水，检查雾化器雾化效果，1分 | | | | |
| | 4.4 开启乙炔钢瓶总阀，调节乙炔钢瓶减压阀输出压力为0.05MPa，2分 | | | | |
| | 4.5 打开乙炔开关，调节乙炔流量为1.5 L/min，1分 | | | | |
| | 4.6 进行点火操作，2分 | 注意燃烧器上方没有物品 | | | |
| | 4.7 用去离子水调零，1分 | | | | |
| 5.测量操作 (5分) | 5.1 从稀溶液到浓溶液开始测量，3分 | | | | |
| | 5.2 待读数稳定后再测下一个溶液，2分 | | | | |

| 考核内容<br>与评分 | 考核指标与具体评分 | 各考核指标<br>能力标准 | 考评记录 | | |
|---|---|---|---|---|---|
| | | | 个人 | 小组 | 教师 |
| 6.关机操作<br>（10分） | 6.1　吸喷去离子水 5min，3 分 | | | | |
| | 6.2　先关乙炔钢瓶，后关空气压缩机，<br>3 分 | | | | |
| | 6.3　关闭各气路顺序正确，2 分 | | | | |
| | 6.4　10min 后，关闭排风机电源，2 分 | | | | |
| 7.数据记录<br>及处理（20<br>分） | 7.1　原始记录填写格式、内容规范，<br>2 分 | | | | |
| | 7.2　原始记录及时、合理，1 分 | | | | |
| | 7.3　报告填写规范、完整，2 分 | | | | |
| | 7.4　正确绘制工作曲线，2 分 | 描点及作图<br>正确 | | | |
| | 7.5　标准曲线经过坐标原点，2 分 | 标准曲线经过<br>坐标原点 | | | |
| | 7.6　工作曲线相关系数，5 分 | ≥0.99995，5 分 | | | |
| | | ≥0.9999，4 分 | | | |
| | | ≥0.9995，3 分 | | | |
| | | ≥0.999，2 分 | | | |
| | | ≥0.995，1 分 | | | |
| | | <0.995，0 分 | | | |
| | 7.7　图上标注项目齐全，1 分 | | | | |
| | 7.8　标准曲线斜率接近于 1，1 分 | 为 1±0.3，2 分 | | | |
| | | 为 1±0.5，1 分 | | | |
| | 7.9　工作曲线使用方法正确，2 分 | 是否引水平和<br>垂直虚线标出<br>样品点的吸光<br>度和浓度 | | | |
| | 7.10　计算结果正确（有效数字，单<br>位），2 分 | 计算过程、结<br>果的有效数字<br>或单位正确 | | | |

续表

| 考核内容<br>与评分 | 考核指标与具体评分 | 各考核指标<br>能力标准 | 考评记录 | | |
|---|---|---|---|---|---|
| | | | 个人 | 小组 | 教师 |
| 8. 分析结果（10分） | 8.1 极差与平均值之比小于 0.5%，10分 | 极差小于0.5% | | | |
| | 8.2 极差与平均值之比 0.5%～1%，5分 | | | | |
| | 8.3 极差与平均值之比大于1%，0分 | | | | |
| 9. 文明操作（10分） | 9.1 实验过程，实验台面、仪器摆放整洁有序，3分 | 符合 5S 工作规范和要求 | | | |
| | 9.2 废物按指定的方法处理，3分 | | | | |
| | 9.3 实验后，试剂、仪器放回原处，2分 | 熟练操作 | | | |
| | 9.4 器皿、仪器完好无缺，2分 | 严谨工作态度 | | | |
| 10. 考核时间 | 每超5min扣2分，以此类推，扣完分数为止 | 50min | | | |
| 扣分 | | | | | |
| 总分 | | | | | |

注：每小项可以只写扣分，最后合计总分

# 任务二　审核葡萄酒中铁含量测定分析单

## 张裕解百纳干红优选级葡萄酒中铁含量的测定

### 一、检验任务书

| 样品名称 | | | 干红葡萄酒 750mL | | | |
|---|---|---|---|---|---|---|
| 生产日期/批号 | 2011 年 | 商标 | 张裕 | 型号/规格/等级 | | 优级 |
| 样品数量 | 1 | 样品性状及包装 | | □固体☑液体□颗粒□粉状□胶囊□其他 | | |
| 样品保存条件 | □常温☑避光□低温（　℃） | | 样品来源 | | □自送样☑邮寄□委托采样 | |
| 生产单位 | 烟台张裕葡萄酿酒股份有限公司 | | | | | |
| 生产单位地址 | 烟台市芝罘区大马路 56 号 | | | | | |
| 委托方联系人 | 黄橙红 | 委托方电话/传真 | 131×××3123 | | 邮政编码 | 510520 |
| 检测要求 | 检验项目：铁 | | | | | |
| | 检验依据：委托方指定的方法检测□以中心选定申请计量认证、实验室认可的检测方法检测□同意使用本中心非标方法检测□ | | | | | |
| | 报告商定交付日期：_2013-6-22_。 | | | | | |
| 检验性质 | □出测试数据　□评定检验作出符合标准判定的结论　□仲裁检验　□其他 | | | | | |
| 委托方签名： | | 时间：2013 年　6 月　6 日 | | | | |
| 协议检测费用：¥250.00 | | 付款方式：□银行转账 □现金 □定期结算 | | | | |
| 报告发送方式：□自取 □传真 □邮寄 □快递已付 □快递到付 □其他方式 | | | | | | |

受理人签字：王小燕　　　　　　　　日期：2013 年　6　月　3　日

### 二、测定方案

1. 仪器设备与试剂准备

仪器：原子吸收分光光度计、铁空心阴极灯、空气压缩机、乙炔钢瓶气、100mL 容量瓶、10mL 吸量管。

试剂：①硝酸溶液（0.5%）：量取 5mL 硝酸，溶于水，移入 1000mL 容量瓶中，稀释至刻度。②铁标准溶液（100μg/mL 铁）：称取 0.7024 克硫酸铁铵 $[NH_4Fe(SO_4)_2 \cdot 6H_2O]$，溶于水，移入 1000mL 容量瓶中，稀释至刻度。

2. 配制标准溶液

吸取铁标准使用液 0.00mL，0.10mL，0.20mL，0.40mL，0.60mL 分别于五个 100mL 容量瓶中，用 0.5%硝酸溶液稀释至刻度，混匀。

3. 操作步骤

试样的制备：用吸量管吸取 2mL 红酒样，加入 0.5%硝酸稀释至 25mL，摇匀，备用。

标准曲线的绘制：置仪器于合适的工作状态，调波长至 248.3 nm，导入标准系列溶液，以零管调零，分别测定其吸光度。以铁的含量对应吸光度建立回归方程，得 $y=0.1966x-0.0095$。

测定：将试样导入仪器，测其吸光度 0.312。

4. 数据处理

将样品吸光度 0.312 代入回归方程计算得 1.62。

样品铁含量：$1.62 \times 25/2 = 20.25$

## 三、检验报告

广东省城市建设技师学院分析中心报告单

| 产品名称 | 张裕解百纳干红优选级葡萄酒 | 生产日期 | 2011-12-22 | 规格 | 750mL |
|---|---|---|---|---|---|
| 测定项目 | 铁 | 取样日期 | 2013-06-03 | 检验日期 | 2013-06-18 |
| 执行标准 | GB/T 5009.90—2003 | 结果 | 铁 20.25μg | 结论 | 符合标准限量 |

检验员：王小燕　　　　　　　　审核员：王小燕　　　　　　　报告日期：2013-6-23

单位盖章：广东省城市建设技师学院化学分析中心

## ◀ 练 习 ▶

### 一、选择题

1. 721 型分光光度计用的 $CoCl_2$ 变色硅酸，变为（　　）时表示已失效。

A. 红色　　　　　　B. 蓝色　　　　　　C. 黄色　　　　　　D. 绿色

2. 用分光光度计测量有色配合物的浓度相对标准偏差最小时的吸光度为（　　）。

A. 0.434　　　　　B. 0.343　　　　　C. 0.443　　　　　D. 0.334

3. 使用 721 型分光光度计时，仪器在 100％处经常漂移，这可能是因为（　　）。

A. 保险丝断了　　　　　　　　　　B. 电流表动线圈不通电

C. 稳压电源输出导线断了　　　　　D. 光源不稳定

4. 对于 721 型分光光度计，说法不正确的是（　　）。

A. 搬动后要检查波长的准确性

B. 长时间使用后要检查波长的准确性

C. 波长的准确性不能用镨钕滤光片检定

D. 应定时更换干燥剂

5. 721 型分光光度计不能测定（　　）。

A. 单组分溶液　　　　　　　　B. 多组分溶液

C. 吸收光波长＞800mm 的溶液　　D. 较浓的溶液

6. 使用 721 型分光光度计时，光源灯亮但无单色光，这可能是因为（　　）。

A. 准直镜脱位　　　B. 硅胶受潮　　　C. 光源不稳定　　　D. 调零电位处损坏

7. 用 721 型分光光度计做定量分析最常用的方法是（　　）。

A. 工作曲线法　　　B. 峰高增加法　　　C. 标准加入法　　　D. 保留值法

8. 在分光光度法中，宜选用的吸光度读数范围为（　　）。

A. 0～0.2　　　　　B. 0.1～∞　　　　　C. 1～2　　　　　D. 0.2～0.8

9.使用 721 型分光光度计时，接通电源，打开比色槽暗箱盖，电表指针停在右边 100%处，无法调回"0"位，这可能是因为（　　）。

A. 电源开关损坏了　　　　　　　　B. 电源变压器初级线圈断了

C. 光电管暗盒内硅胶受潮　　　　　D. 保险丝断了

10.维护、保养 721 型分光光度计，（　　）是不正确的。

A. 电压波动较大的地区，220V 电源要预先稳压

B. 仪器底部的两只干燥剂筒应保持其干燥性

C. 当仪器停止工作时，必须切断电源，开关放在"关"位置

D. 比色皿连续使用时，应手拿透光玻璃面清洗

11.在火焰原子吸光谱法中，（　　）不是消解样品中有机体的有效试剂。

A. 硝酸＋高氯酸　　B. 硝酸＋硫酸　　C. 盐酸＋磷酸　　D. 硫酸＋过氧化氢

12.（　　）是吸收光谱法的一种。

A. 浊度法　　　　　　　　　　　　B. 激光吸收光谱法

C. 拉曼光谱法　　　　　　　　　　D. 火焰光度法

13.用 721 型分光光度计做定量分析的理论基础是（　　）。

A. 欧姆定律　　　　　　　　　　　B. 等物质的量反应规则

C. 库仑定律　　　　　　　　　　　D. 朗伯·比尔定律

14.（　　）是吸收光谱法的一种。

A. 浊度法　　　　　　　　　　　　B. 激光吸收光谱法

C. 拉曼光谱法　　　　　　　　　　D. 火焰光度法

15.用７２１型分光光度计定量分析样品中高浓度组分时，最常用的定量方法是（　　）。

A. 归一化法　　　　B. 示差法　　　　C. 浓缩法　　　　D. 标准加入法

16.火焰原子吸收光谱法中测量值的最佳吸光度范围应为（　　）。

A. <0.01　　　　　B. 0.01～0.1　　　C. 0.1～0.5　　　D. >0.8

17.在火焰原子吸收光谱仪的维护和保养中，（　　）做法是错误的。

A. 燃烧器的缝口要经常保持干净　　B. 空气压缩机要经常放水、放油

C. 点火之前，应喷入空白溶液清洗　D. 系统内的运动机件要经常添加润滑油

18.在电位滴定中，若以作图法（$E$ 为电位、$V$ 为滴定剂体积）确定滴定终点，则滴定终点为（　　）。

A. $E$-$V$ 曲线的拐点　　　　　　　　B. $\dfrac{\Delta E}{\Delta V}$-$V$ 图上最低点

C. $\dfrac{\Delta^2 E}{\Delta V^2}$-$V$ 为正值　　　　　　　　D. $E$-$V$ 曲线最高点

19.火焰原子吸光光度法的测定工作原理是（　　）。

A. 比尔定律　　　　　　　　　　　B. 玻尔兹曼方程式

C. 罗马金公式　　　　　　　　　　D. 光的色散原理

20.在使用火焰原子吸收分光光度计做试样测定时，发现火焰骚动很大，这可能的原因是（　　）。

A. 助燃气与燃气流量比不对　　　　B. 空心阴极灯有漏气现象

C. 高压电子元件受潮　　　　　　　D. 波长位置选择不准

21.在火焰原子吸收光谱法中，干法灰化法不适用被测元素是（　　）的样品处理。

A. 镉　　　　　　B. 钨　　　　　　C. 钼　　　　　D. 铱

22.在火焰原子吸收光谱法中，测定（　　）元素可用空气-乙炔火焰。

A. 铷　　　　　　B. 钨　　　　　　C. 锆　　　　　D. 铪

23.在原子吸收光谱法中，要求标准溶液和试液的组成尽可能相似，且在整个分析过程中操作条件应保持不变的分析方法是（　　）。

A. 内标法　　　　B. 标准加入法　　C. 归一化法　　D. 标准曲线法

24.原子吸收光谱仪的常见原子化装置是（　　）。（其中：1.火焰原子化器；2.石墨炉原子化器；3.石英管原子化器；4.石墨棒原子化器；5.金属器皿原子化器）

A. 1、2　　　　　B. 2、3　　　　　C. 3、4　　　　D. 4、5

25.在原子吸收光谱法中，减小狭缝，可能消除（　　）。

A. 化学干扰　　　B. 物理干扰　　　C. 电离干扰　　D. 光谱干扰

26.在火焰原子吸收光谱法中，（　　）不必进行灰化处理。

A. 体液、油脂　　　　　　　　　　B. 各类食品、粮食

C. 有机工业品　　　　　　　　　　D. 可溶性盐

27.火焰原子吸收光谱分析的定量方法有（　　）。（其中：1.标准曲线法；2.内标法；3.标准加入法；4.公式法；5.归一化法；6.保留指数法）

A. 1、2、3　　　　B. 2、3、4　　　　C. 3、4、5　　　D. 4、5、6

28.对于火焰原子吸收光谱仪的维护，（　　）是不允许的。

A. 透镜表面留有指纹或油污应用汽油将其洗去

B. 空心阴极灯窗口如有沾污，可用镜头纸擦净

C. 元素灯长期不用，则每隔一段在额定电流下空烧

D. 仪器不用时应用罩子罩好

29.使用火焰原子吸收分光光度计做试样测定时，发现指示仪器（表头、数字显示器或记录器）突然波动，可能的原因是（　　）。

A. 存在背景吸收　　　　　　　　　B. 外光路位置不正

C. 燃气纯度不够　　　　　　　　　D. 电源电压变化太大

30.火焰原子吸收光谱分析中，当吸收线发生重叠，宜采用（　　）。

A. 减小狭缝　　　　　　　　　　　B. 用纯度较高的单元素灯

C. 更换灯内惰性元素　　　　　　　D. 另选测定波长

31.在火焰原子吸收光谱法中，当被测组分浓度太小或共存组分干扰太大时，可用溶剂萃取，较理想的有机溶剂是（　　）。

A. 苯　　　　　　B. 甲基异丁酮　　C. 三氯甲烷　　D. 四氯化碳

32.在火焰原子吸收光谱法中，（　　）不必进行灰化处理。

A，液体、油脂　　　　　　　　　　B. 各类食品、粮食

C. 有机工业品　　　　　　　　　　D. 可溶性盐

33. 在火焰原子吸收光谱法中，测定（　　）元素可用乙炔-氧化亚氮火焰。

A. 镁　　　　　　B. 钠　　　　　　C. 钽　　　　　　D. 锌

34. 在使用火焰原子吸收分光光度计测定试样时，发现空心阴极灯指示气体的颜色有闪跳现象，这可能是因为（　　）。

A. 色散元件被污染　　　　　　　　B. 空心阴极灯放电不稳定

C. 微安表损坏　　　　　　　　　　D. 量程转换开关损坏

35. 对火焰原子吸收光谱仪的维护，（　　）是错误的。

A. 根据湿度大小经常更换硅胶

B. 透镜表面如落有灰尘，应尽快用嘴吹去

C. 室温在 30℃ 以上长期使用仪器时，电器部分应通风散热

D. 每天用完仪器，要将空气过滤器中的油水清除干净

36. 在下列电位分析法中，（　　）要以多次标准加入法制得的曲线外推来求待测物的含量。

A. 格氏作图法　　B. 标准曲线法　　C. 浓度直读法　　D. 标准加入法

37. 火焰原子吸收光谱仪，其分光系统的组成主要是（　　）。

A. 光栅＋透镜＋狭缝　　　　　　　B. 棱镜＋透镜＋狭缝

C. 光栅＋凹面镜＋狭缝　　　　　　D. 棱镜＋凹面镜＋狭缝

38. 原子吸收光谱法中的物理干扰可用下述（　　）的方法清除。

A. 扣除背景　　　　　　　　　　　B. 加释放剂

C. 配制与待测试样组成相似的标准溶液　D. 加保护剂

39. （　　）不是火焰原子吸收光谱分析中常用的定量方法。

A. 标准加入法　　B. 谱线呈现法　　C. 内标法　　　　D. 工作曲线法

40. （　　）不属于吸收光谱法。

A. 紫外分光光度法　　　　　　　　B. X 射线吸收光谱法

C. 原子吸收光谱法　　　　　　　　D. 化学发光法

41. 在火焰原子吸收光谱仪的维护和保养中，对光源和光学系统而言，（　　）的做法是错误的。

A. 元素灯长期不用，要隔一段时间空烧一次

B. 外光路的光学元件应经常用擦镜纸擦拭干净

C. 光源调整机构的运动部件要隔一段时间加一次润滑油

D. 单色器箱内的光学元件应经常擦拭

42. 在火焰原子吸收光谱法中，干法灰化法不适用被测元素是（　　）的样品处理。

A. 镉　　　　　　B. 钨　　　　　　C. 铝　　　　　　D. 铱

43. 在火焰原子吸收光谱法中，测定（　　）元素可用空气-乙炔火焰。

A. 铀　　　　　　B. 钨　　　　　　C. 锆　　　　　　D. 铅

**二、判断题**

（　　）1. 原子吸收光谱仪的原子化装置主要分为火焰原子化器和非火焰原子化器两大类。

（　　）2.原子吸收分析定量测定的基础是吸光度与浓度成正比，但这是在假定火焰宽度一定和试样浓度范围一定的情况下。

（　　）3.在火焰原子吸收光谱法中，消电离剂可以减免电离干扰。

（　　）4.721型分光光度计是依据光的吸收定律设计而成的。

（　　）5.调试火焰原子吸收光谱仪，只需选用波长大于250nm的元素灯。

# 模块三

# 氯离子的测定

## 课题一　氯含量测定方法概述

**学习目标**

√　了解氯测定的意义；
√　能说出氯离子的测定方法；
√　学习各种氯测定方法的优缺点及应用范围；
√　能应用不同测定方法去分析各种样品的氯含量。

**关 键 词**

沉淀滴定法　电位滴定法　离子选择电极法　离子色谱法　分光光度法　极谱法

## 一、氯的危害

### 1.水中氯危害人体健康

19 世纪末，美国爆发了一次规模巨大的瘟疫，在瘟疫中死去的人达到 3 万，为了控制疾病的流传，人们发现了"氯"这种杀菌剂，他们把氯添加到水源水中，用以消毒杀菌，防止传染病菌，这就是最初的自来水。慢慢地，瘟疫这类传染病逐渐减少甚至消失了。然而，20 世纪 70 年代，欧美、日韩等发达国家忽然全部终止了氯的使用，这究竟是为什么？

氯是一种强氧化剂，长期使用会破坏食物中的维生素、皮肤的角质蛋白，对人体造成一定的伤害。更为重要的是，科学家们发现，氯在烧煮的过程中会生成一种物质——三氯甲烷，这种物质被科学家证明是致癌的。

### 2.氯离子对农作物的危害

在农业上，长期单独施用氯化铵、氯化钾、含氯复合肥等肥料，一方面会引起土壤变酸，使土壤有益微生物活动受影响；另一方面，肥料中副成分能与土壤钙结合，生成氯化钙。氯化钙溶解度大，能随水流失。钙是形成土壤结构不可缺少的元素，钙盐流失过多，会破坏土壤结构，造成板结。

根据历年国家质检部门抽检的情况来看，肥料中氯离子超标现象较为严重。根据 GB 15063—2001 标准要求，如果钾肥是以氯化钾形态存在，必须在外观标识标注"含氯"字样，如不标注，则氯离子含量不得超过3.0%，而有些肥料没有在外观标识标注"含氯"字样，个别产品的氯离子实测结果还达到30%以上，超标10倍多。如果一些忌氯的农作物使用了这样的肥料，将会严重影响农作物生长。

3.氯离子对混凝土质量的影响

（1）钢筋腐蚀，导致混凝土质量下降

氯离子对混凝土中钢筋的锈蚀是对混凝土最大的破坏和负面影响。钢筋在混凝土结构中的锈蚀是在有水分子参与的条件下发生的腐蚀。钢筋的锈蚀过程是一个电化学反应过程。使钢筋表面的铁不断失去电子而溶于水，从而逐渐被腐蚀；与此同时，在钢筋表面形成红铁锈，体积膨胀数倍，引起混凝土结构开裂。

水泥在没有 $Cl^-$ 或 $Cl^-$ 含量极低的情况下，由于水泥混凝土碱性很强，pH值较高，保护着钢筋表面钝化膜使锈蚀难以深入，氯离子在钢筋混凝土中的有害作用是破坏钢筋钝化膜，加速锈蚀反应。当钢筋表面存在 $Cl^-$、$O_2$ 和 $H_2O$ 的情况下，在钢筋的不同部位发生电化学反应，水泥结构产生膨胀，破坏混凝土。

（2）降低抗化学侵蚀、耐磨性和强度

当混凝土中氯离子较大时，会降低混凝土抗化学侵蚀性和耐磨性以及弯曲强度。其破坏机理也是因为氯离子对钢筋的锈蚀，致使混凝土膨胀、疏松，从而导致混凝土抗化学侵蚀、耐磨性和强度的下降。

（3）影响混凝土的耐久性

近年来，含氯环境下混凝土中的钢筋腐蚀已逐渐成为国内外耐久性研究的重点。与碳化引起的钢筋腐蚀相比，氯离子引起的钢筋腐蚀一旦发生，在较短的时间内即可对混凝土结构造成严重破坏。因此，通常将钢筋开始腐蚀时间作为构件耐久性寿命的终结。含氯环境下混凝土中钢筋开始腐蚀的时间不仅与混凝土中氯离子的渗透过程有关，还与临界氯离子浓度有关，所以现在的混凝土规范、标准都对氯离子的浓度作了限制。

## 二、氯离子的检测方法

氯离子的分析方法有化学分析法、仪器分析法和自动分析法。

化学分析法：莫尔法、佛尔哈德法和法扬司法。

仪器分析方法：分光光度法、比浊法、原子吸收法、极谱法、电导法、离子选择电极法、离子色谱法和流动注射分析法。

# 课题二　莫尔法测定水中氯含量

## 任务一　硝酸银标准溶液的配制与标定

### 一、原理

硝酸银比较容易提纯，制得基准试剂，可以用硝酸银基准试剂直接配制标准溶液。但是，市售的硝酸银试剂常含有杂质，因此配成溶液后，需用基准的氯化钠试剂进行标定，本实验采用莫尔法进行标定，即用铬酸钾作为指示剂。其原理如下：

滴定反应：$Ag^+ + Cl^- \rightleftharpoons AgCl\downarrow$（白色）

终点指示反应：$2Ag + CrO_4{}^{2-} \rightleftharpoons Ag_2CrO_4\downarrow$（砖红色）

### 二、仪器与试剂

1. 仪器

电子分析天平、250mL 锥形瓶、称量瓶、50mL 酸式滴定管、500mL 棕色试剂瓶等。

2. 试剂

硝酸银、基准氯化钠试剂、5％的 $K_2CrO_4$ 溶液。

### 三、操作步骤

1. 0.1mol/L 硝酸银溶液的配制

称取 9g 硝酸银溶于 500mL 水中，摇匀，贮存于 500mL 棕色试剂瓶中。

2. 硝酸银溶液的标定

准确称取 0.12～0.15g 在 500～600℃ 烘干到恒重的基准 NaCl 试剂，置于 250mL 锥形瓶中，加 50mL 水溶解，并加入 1mL 5％的 $K_2CrO_4$ 溶液，在不断摇动下，用 $AgNO_3$ 标准溶液滴定至（慢滴，剧烈摇，因 $Ag_2CrO_4$ 不能迅速转为 AgCl）呈现砖红色即为终点，平行测定三次。根据 NaCl 的质量和 $AgNO_3$ 的体积，计算 $AgNO_3$ 的浓度。

## 四、结果处理

$$c(\text{AgNO}_3) = \frac{m_{\text{NaCl}} \times 1000}{V_{\text{AgNO}_3} M_{\text{NaCl}}}$$

| 次数<br>内容 | | 1 | 2 | 3 |
|---|---|---|---|---|
| 称量瓶＋NaCl 的质量（第一次读数） | | | | |
| 称量瓶＋NaCl 的质量（第二次读数） | | | | |
| 基准 NaCl 的质量 $m/\text{g}$ | | | | |
| 标定试验 | 滴定消耗 AgNO₃ 标准溶液的用量/mL | | | |
| | 滴定管校正值/mL | | | |
| | 溶液温度补正值/（mL/L） | | | |
| | 实际滴定消耗 AgNO₃ 标准溶液的体积 $V$/mL | | | |
| 空白试验 | 滴定消耗 AgNO₃ 标准溶液的体积/mL | | | |
| | 滴定管校正值/mL | | | |
| | 溶液温度补正值/（mL/L） | | | |
| | 实际滴定消耗 AgNO₃ 标准溶液的体积 $V_0$/mL | | | |
| $c(\text{AgNO}_3)$ /（mol/L） | | | | |
| $c(\text{AgNO}_3)$ 平均值/（mol/L） | | | | |
| 平行测定结果的极差/（mol/L） | | | | |
| 极差与平均值之比/% | | | | |

# 任务二  溶液中氯离子含量的测定

## 一、原理

自来水中的 $Cl^-$ 可用 $AgNO_3$ 标准溶液滴定，在 $K_2CrO_4$ 指示剂的作用下，出现砖红色沉淀时即为终点，其反应如下

滴定反应：$Ag^+ + Cl^- \rightleftharpoons AgCl\downarrow$（白色）

终点指示反应：$2Ag + CrO_4{}^{2-} \rightleftharpoons Ag_2CrO_4\downarrow$（砖红色）

由硝酸银标准溶液消耗的体积可计算出自来水中 $Cl^-$ 的含量。

## 二、仪器与试剂

1.仪器

电子分析天平、250mL 锥形瓶、称量瓶、50mL 酸式滴定管、500mL 棕色试剂瓶等。

2.试剂

0.1mol/L $AgNO_3$ 标准溶液、5％的 $K_2CrO_4$ 指示液、自来水样。

## 三、操作步骤

准确移取 100.0mL 自来水样置于 250mL 锥形瓶中，加入 1mL 0.5％ $K_2CrO_4$ 指示液，在不断摇动下，用 $AgNO_3$ 溶液滴定至（缓慢滴，剧烈摇动）呈现砖红色即为终点，平行测定三份。

## 四、结果处理

$$\rho_{Cl^-}\ (mg/L) = \frac{c_{AgNO_3} V M_{Cl^-} \times 1000}{V_{水样}} \quad （其中 V_{水样} 单位为 mL）$$

## 任务三　自来水中氯离子的测定

班级：　　　　　　姓名：　　　　　　分组：　　　　第　　　组

一、掌握莫尔法测定条件，完成下表

| 标准溶液 | 滴定方式 | 滴定条件 | 指示剂 | 终点的判断 | 杂质的去除 |
|---|---|---|---|---|---|
|  |  |  |  |  |  |

二、列出莫尔法测定水中氯离子仪器试剂

1.试剂：

2.使用仪器：

### 三、实验数据记录

| 测定次数 | 1 | 2 | 3 |
|---|---|---|---|
| 移取水样体积/mL | | | |
| AgNO₃ 标准溶液浓度/（mol/L） | | | |
| AgNO₃ 标准溶液用量/mL | | | |
| 水中氯离子含量/（mg/L） | | | |
| 水中平均氯离子含量/（mg/L） | | | |
| 相对标准偏差 | | | |

### 四、请你总结出你认为最易记忆的实验步骤

### 五、小组成员及分工介绍

# 课题三　微量氯的测定（电位滴定法）

💡 **学习目标**
- ✓ 能用电位滴定法测定水溶液中氯离子的含量；
- ✓ 能正确确定电位滴定法的滴定终点。

💡 **关键词**

络合滴定法　样品预处理　工作过程　结果处理

## 一、思考

在化学滴定法中，实验的关键是选择一种合适的指示剂指示终点的到达。例如，当我们测定炼铜电解液中氯离子，由于电解液具有很深的蓝绿色，不能用指示剂指示颜色的变化来确定终点。

讨论：由于样品溶液有色，采用一般的指示剂无法指示终点，怎么办？

（1）可以对样品进行脱色，如吸附、萃取等方法使样品溶液褪去颜色。然后加指示剂滴定。此方法操作繁琐，在脱色过程中可能引入污染或样品损失引起误差。

（2）用其他的测定方法如离子色谱法等，但需要特殊的仪器设备。

（3）可以采用电位滴定法。

## 二、电位滴定法

电位滴定法是根据滴定过程中指示电极电位的突跃来确定滴定终点的一种滴定分析方法。

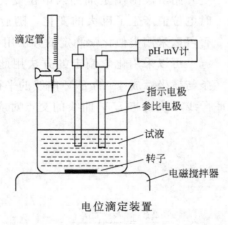

电位滴定装置

指示电极：银电极；参比电极：双液接甘汞电极；滴定管；酸度计；电磁搅拌器；搅拌子。

## 三、操作步骤

1. 电位滴定装置的安装

（1）银电极：将银电极浸入热的 $w$（$HNO_3$）＝10％硝酸溶液中数分钟，取出，用水冲洗干净，蒸馏水冲洗，置电极架上。

（2）双液接饱和甘汞电极的准备：检查饱和甘汞电极内液位、晶体、气泡及微孔砂芯渗漏情况并作适当处理后，用蒸馏水清洗外壁，吸干外壁水珠，套上充满饱和氯化钾溶液的盐桥套管，用橡胶圈扣紧，置电极架上。

（3）在滴定管中加入硝酸银标准滴定溶液，调节液面至 0.00mL。

2. 打开酸度计电源开关，预热 20min

3. 试液中 $Cl^-$ 含量的测定

（1）移取 25.00mL 试液于 100mL 的高型烧杯中，加水稀释至 50mL 左右。放入洗净的搅拌子，将烧杯放在搅拌器上，插入电极。

（2）开启搅拌器，将酸度计的选择开关置于"mV"位置，记录溶液的起始电位。

（3）滴加 $AgNO_3$ 溶液，待电位稳定后读取电位值及滴定剂加入体积。

（4）滴定开始时每加入 0.5mL 标准滴定溶液记录一次电位值，然后减少加入量为 0.2mL 后记录。在化学计量点附近每加 0.1mL 记录一次，过化学计量点后再每加 0.5mL 记录一次，直至电位变化不大为止。

## 四、数据处理

### （一）$E$-$V$ 曲线

从下图中 $A$、$B$ 间的曲线我们可以看出此曲线有何规律？

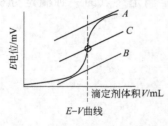

E-V曲线

此曲线与化学滴定曲线十分相似，都有一个突跃。在滴定开始阶段随滴定剂加入电位变化不明显，当到达一定体积时电位值产生了巨大的变化，随后 $E$ 的变化又趋于缓慢，是否可以采用类似化学滴定的方法用此突跃确定滴定终点？

可以采用化学滴定的方法用此突跃确定滴定终点。作两条与横坐标成 45°的 $E$-$V$ 曲线的平行切线，并在两条平行切线间做一与两条切线等距离的平行线，该线与 $E$-$V$ 曲线的交点对应的滴定体积即为滴定终点体积。

### （二）一阶微商法

1. 一次微商的计算

$$\frac{\Delta E}{\Delta V} = \frac{E_2 - E_1}{V_2 - V_1}$$

$$V = \frac{V_1 + V_2}{2}$$

2.作图

将 $V$ 对 $\Delta E/\Delta V$ 作图，可得到一呈峰状曲线，曲线最高点由实验点连线外推得到，其对应的体积为滴定终点时标准滴定溶液所消耗的体积 $V_{ep}$。

此法确定终点较准确，但是手续繁琐。

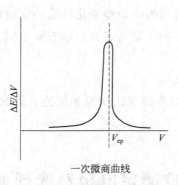

一次微商曲线

## （三）二阶微商法

### 1.作图法

以 $\Delta^2E/\Delta V^2$ 对 $V$ 绘制曲线，此曲线最高点与最低点连线与横坐标的交点即为滴定终点体积。

$$\frac{\Delta^2E}{\Delta V^2}=\frac{\left(\dfrac{\Delta E}{\Delta V}\right)_2-\left(\dfrac{\Delta E}{\Delta V}\right)_1}{V_2-V_1} \qquad V=\frac{V_1+V_2}{2}$$

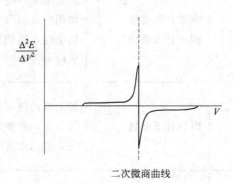

二次微商曲线

### 2.计算法

（1）从上图中可以看出在 $\Delta^2E/\Delta V^2$ 有一个明显的特点，上一部分数据为正值而下面的 $\Delta^2E/\Delta V^2$ 全部为负值。当 $\Delta^2E/\Delta V^2$ 为零时即为滴定终点。

（2）采用下面的方法计算滴定终点。当滴定体积 $V_1$ 对应 $(\Delta^2E/\Delta V^2)_1$ 由正变为负值 $(\Delta^2E/\Delta V^2)_2$ 时此时滴定体积 $V_2$。则滴定终点 $V_{ep}$ 按下式计算

$$\frac{V_2-V_1}{\left(\dfrac{\Delta^2E}{\Delta V^2}\right)_2-\left(\dfrac{\Delta^2E}{\Delta V^2}\right)_1}=\frac{V_{ep}-V_1}{0-\left(\dfrac{\Delta^2E}{\Delta V^2}\right)_1}$$

## 五、电位滴定特点

1.电位滴定法和直接电位法

直接电位法是以所测得的电池电动势（或其变化量）作为定量参数；电位滴定法测量的是电池电动势的变化情况，它是根据电动势变化情况确定滴定终点，其定量参数是滴定剂的体积。电位滴定法与化学分析法的区别是终点指示方法不同。普通的滴定法是利用指示剂颜色的变化来指示滴定终点。

2.电位滴定法和化学滴定法

电位滴定法是利用电池电动势的突跃来指示终点，而化学滴定则依赖于指示剂颜色的变化。

**补充知识**　　**电位滴定电极对选择原则**

| 滴定类型 | 电极系统 | | 预处理 |
|---|---|---|---|
| | 指示电极 | 参比电极 | |
| 酸碱滴定（水溶液中） | 玻璃电极<br>锑电极 | 饱和甘汞电极<br>饱和甘汞电极 | 玻璃电极：使用前须在水中浸泡 24h 以上，使用后立即清洗并浸于水中保存<br>锑电极：使用前用砂纸将表面擦亮，使用后应冲洗并擦干 |
| 氧化还原滴定 | 铂电极 | 饱和甘汞电极 | 铂电极：使用前应注意电极表面不能有油污物质，必要时可在丙酮或硝酸溶液中浸洗，再用水洗涤干净 |
| 银量法 | 银电极 | 饱和甘汞电极（双盐桥型） | 银电极：使用前应用细砂纸将表面擦亮然后浸入含有少量硝酸钠的稀硝酸（1＋1）溶液中，直到有气体放出为止，取出用水洗干净 |
| EDTA配位滴定 | 金属基电极<br>离子选择性电极<br>$Hg/Hg-EDTA$ | 饱和甘汞电极<br>饱和甘汞电极<br>饱和甘汞电极 | 双盐桥型饱和甘汞电极：盐桥套管内装饱和硝酸钠或硝酸钾溶液。其他注意事项与饱和甘汞电极相同 |

# 任务一　水中氯离子的测定

班级：　　　　　　姓名：　　　　　　分组：　　　第　　组

一、请圈出电位滴定法测定水中 Cl⁻ 需要的仪器和试剂

A.　0.1000mol/LHCl

B.　0.1mol/LH$_2$SO$_4$

C.　2mol/LHNO$_3$

D.　酚酞指示剂

E.　pH 试纸

F.　自动电位滴定仪

G.　pH 计

H.　50mL 酸式滴定管

I.　50mL 碱式滴定管

J.　100mL 烧杯

K.　250mL 烧杯

L.　25mL 移液管

M.　10mL 吸量管

N.　pH 复合电极

O.　玻璃电极

P.　饱和甘汞电极

Q.　磁力搅拌子

R.　洗耳球

二、请写出简要的实验步骤

三、实验数据记录

1.预滴定原始数据记录

| $V_{HCl}$/mL | $E$/mV | $V_{HCl}$/mL | $E$/mV | $V_{HCl}$/mL | $E$/mV | $V_{HCl}$/mL | $E$/mV |
|---|---|---|---|---|---|---|---|
|  |  |  |  |  |  |  |  |
|  |  |  |  |  |  |  |  |
|  |  |  |  |  |  |  |  |
|  |  |  |  |  |  |  |  |
|  |  |  |  |  |  |  |  |

2.第一次滴定原始数据记录

| $V_{HCl}$/mL | $E$/mV | $V_{HCl}$/mL | $E$/mV | $V_{HCl}$/mL | $E$/mV | $V_{HCl}$/mL | $E$/mV |
|---|---|---|---|---|---|---|---|
|  |  |  |  |  |  |  |  |
|  |  |  |  |  |  |  |  |
|  |  |  |  |  |  |  |  |

续表

| $V_{HCl}$/mL | $E$/mV | $V_{HCl}$/mL | $E$/mV | $V_{HCl}$/mL | $E$/mV | $V_{HCl}$/mL | $E$/mV |
|---|---|---|---|---|---|---|---|
| | | | | | | | |
| | | | | | | | |
| | | | | | | | |
| | | | | | | | |
| | | | | | | | |

### 3. 第二次滴定原始数据记录

| $V_{HCl}$/mL | $E$/mV | $V_{HCl}$/mL | $E$/mV | $V_{HCl}$/mL | $E$/mV | $V_{HCl}$/mL | $E$/mV |
|---|---|---|---|---|---|---|---|
| | | | | | | | |
| | | | | | | | |
| | | | | | | | |
| | | | | | | | |
| | | | | | | | |
| | | | | | | | |
| | | | | | | | |
| | | | | | | | |
| | | | | | | | |

### 4. 第三次滴定原始数据记录

| $V_{HCl}$/mL | $E$/mV | $V_{HCl}$/mL | $E$/mV | $V_{HCl}$/mL | $E$/mV | $V_{HCl}$/mL | $E$/mV |
|---|---|---|---|---|---|---|---|
| | | | | | | | |
| | | | | | | | |
| | | | | | | | |
| | | | | | | | |
| | | | | | | | |
| | | | | | | | |
| | | | | | | | |
| | | | | | | | |
| | | | | | | | |

四、数据处理

1. $E$-$V$ 曲线作图法

$E$–$V$曲线

| 测定次数 | 1 | 2 | 3 |
|---|---|---|---|
| 移取水样体积/mL | | | |
| AgNO₃ 标准溶液浓度/（mol/L） | | | |
| AgNO₃ 标准溶液用量/mL | | | |
| 水中氯离子含量/（mg/L） | | | |
| 水中平均氯离子含量/（mg/L） | | | |
| 相对标准偏差 | | | |

### 2. 一阶微商法

| 测定次数 | 1 | 2 | 3 |
|---|---|---|---|
| 移取水样体积/mL | | | |
| AgNO₃ 标准溶液浓度/（mol/L） | | | |
| AgNO₃ 标准溶液用量/mL | | | |
| 水中氯离子含量/（mg/L） | | | |
| 水中平均氯离子含量/（mg/L） | | | |
| 相对标准偏差 | | | |

### 3. 二阶微商法

| 测定次数 | 1 | 2 | 3 |
|---|---|---|---|
| 移取水样体积/mL | | | |
| AgNO₃ 标准溶液浓度/（mol/L） | | | |
| AgNO₃ 标准溶液用量/mL | | | |
| 水中氯离子含量/（mg/L） | | | |
| 水中平均氯离子含量/（mg/L） | | | |
| 相对标准偏差 | | | |

### 4. 三种数据处理方法结果

## 五、小组成员及分工介绍

### 练 习

**一、选择题**

1.对莫尔法不产生干扰的离子是（    ）。

A. $Pb^{2+}$　　　　　　B. $NO_3^-$　　　　　　C. $S^{2-}$　　　　　　D. $Cu^{2+}$

2.莫尔法测 $Cl^-$ 含量的酸度条件为（    ）。

A. pH=1～3　　B. pH=6.5～10.0　C. pH=3～6　　D. pH=10～12

3.莫尔法确定终点的指示剂是（    ）。

A. $K_2CrO_4$　　　B. $K_2Cr_2O_7$　　　C. $NH_4Fe(SO_4)_2$　D. 荧光黄

4.用 0.02mol/L $AgNO_3$ 溶液滴定 0.1g 试样中的 $Cl^-$（$M_{Cl}=35.45g/mol$），耗去 40mL，则试样中 $Cl^-$ 的含量约为（    ）。

A. 7%　　　　　B. 14%　　　　　C. 35%　　　　　D. 28%

5.莫尔法不适于测定（    ）。

A. $Cl^-$　　　　　B. $Br^-$　　　　　C. $Cr^-$　　　　　D. $Ag^+$

6.莫尔法测 $Cl^-$ 含量，要求介质的 pH 在中性到弱碱性范围，若酸度过高，则（    ）。

A. AgCl 沉淀不完全　　　　　　B. AgCl 沉淀易胶溶

C. AgCl 沉淀吸附 $Cl^-$ 增强　　　D. $Ag_2CrO_4$ 沉淀不易形成

7.莫尔法测 $Cl^-$，终点时溶液的颜色为（    ）色。

A. 砖红　　　　　B. 黄绿　　　　　C. 纯蓝　　　　　D. 橙黄

8.在 25℃时，标准溶液与待测溶液的 pH 值变化一个单位，电池电动势的变化为（    ）。

A. 0.058V　　　B. 58V　　　　　C. 0.059V　　　D. 59V

9.已知，在 $Cl^-$ 和 $CrO_4^{2-}$ 浓度皆为 0.10mol/L 的溶液中，逐滴加入 $AgNO_3$ 溶液，情况为（    ）。

A. $Ag_2CrO_4$ 先沉淀　　　　　　B. 只有 $Ag_2CrO_4$ 沉淀

C. AgCl 先沉淀　　　　　　　　D. 同时沉淀

10.在电位滴定中，以 $\dfrac{\Delta^2 E}{\Delta V^2}$-$V$（$E$ 为电位，$V$ 为滴定剂体积）作图绘制滴定曲线，滴定终点为（    ）。

A. $\dfrac{\Delta^2 E}{\Delta V^2}$-$V$ 为最正值时的点　　　B. $\dfrac{\Delta^2 E}{\Delta V^2}$-$V$ 为最负值时的点

C. $\dfrac{\Delta^2 E}{\Delta V^2}$-$V$ 为零时的点　　　　　D. 曲线的斜率为零时的点

11.在能斯特方程 $E=E^{\ominus}+\dfrac{RT}{nF}\ln\dfrac{[氧化形]}{[还原形]}$ 的物理量中，既可能是正值，又可能是负值的是（    ）。

A. T　　　　　B. R　　　　　C. n　　　　　D. E

12.玻璃电极在使用前一定要在水浸泡，其目的是（    ）。

A. 清洗电极　　　　　　　　　B. 检查电极的好坏

C. 校正电极                  D. 活化电极

13. 在电位滴定中，以 $E$-$V$（$E$ 为电位，$V$ 为滴定剂体积）作图绘制滴定曲线，滴定终点为（    ）。

A. 曲线的最大斜率点           B. 曲线最小斜率点

C. $E$ 为最大值的点             D. $E$ 为最小值的点

14. 强碱滴定弱酸的电位滴定不能得到（    ）。

A. 滴定终点                 B. 化学计量点时所需碱的体积

C. 酸的浓度                 D. 酸的离解常数

15. 酸度计使用前必须熟悉使用说明书，其目的在于（    ）。

A. 掌握仪器性能，了解操作规程     B. 了解电路原理图

C. 掌握仪器的电子构件          D. 了解仪器结构

16. 酸度计测量出的是（    ），而刻度是 pH 值。

A. 电池的电动势             B. 电对的强弱

C. 标准电极电位             D. 离子的活度

17. 测定 pH 值的指示电极为（    ）。

A. 标准氢电极              B. 玻璃电极

C. 甘汞电极                 D. 银-氯化银电极

## 二、判断题

（     ）1. 莫尔法中与 $Ag^+$ 形成沉淀或络合物的阴离子均不干扰测定。

（     ）2. 电位滴定是根据电位的突跃来确定终点的滴定方法。

## 三、问答题

1. 莫尔法测氯时，为什么溶液的 pH 值必须控制在 6.5～10.5？

2. 能否用莫尔法以 NaCl 标准溶液直接滴定 $Ag^+$？为什么？

## ◁ 本节小结 ▷

# 参 考 文 献

［1］ 李学智.混凝土中氯离子的危害及预防措施.混凝土，2008，10：42-44.